GALILÉE ET LA PHOTODIODE

GIULIO TONONI

GALILÉE ET LA PHOTODIODE

Cerveau, complexité et conscience

*Traduit de l'italien
par Hélène Dayan*

PRÉFACE

Quand nous dormons d'un sommeil sans rêve, le monde entier cesse de nous concerner et disparaît. Quand nous nous réveillons ou quand nous rêvons, il réapparaît, peuplé de formes, de couleurs, de sons, de plaisirs et de douleurs, de pensées, d'émotions, de désirs et de décisions. Le cerveau est un objet bien modeste dans le décor si vaste du monde, et pourtant, pour chacun de nous, ce modeste objet contient le monde entier.

Plus d'un philosophe a déclaré que la façon dont le cerveau peut créer la conscience, dont la matière peut donner naissance à l'esprit, est et restera à tout jamais un mystère insondable. De nombreux savants ont conclu que si les neurosciences peuvent un jour parfaitement expliquer la façon dont fonctionne le cerveau, dont nous pouvons par exemple répondre à des signaux lumineux ou acoustiques, elles ne pourront jamais expliquer comment la conscience, l'expérience subjective d'un ciel étoilé ou d'un grondement de tonnerre, émergent du cerveau.

Et, en effet, les énigmes et les paradoxes affluent. On sait que la conscience est produite d'une manière ou d'une autre par les trente milliards de cellules nerveuses du cortex cérébral. Mais alors pourquoi les cinquante milliards de cellules nerveuses du cervelet, partie tout aussi complexe du système nerveux, ne produisent rien de tel ? On sait le cerveau aussi actif en état de sommeil que de veille. Alors pourquoi à certains stades du sommeil la conscience se réduit-elle au point quasiment de disparaître ? Les paradoxes défient la raison et l'aiguisent, car, malgré tout, il doit exister une explication, une réponse à la question : « Pourquoi les choses sont ainsi et pas autrement ? » En prenant Galilée comme guide tout au long d'une série d'expériences réelles et imaginaires, ce livre présente les résultats de notre quête d'une solution.

PROLOGUE

Les neurosciences sont l'ultime frontière. Dans de nombreuses universités, les étudiants les plus ambitieux qui, au début du XXe siècle, affluaient dans les instituts de physique se tournèrent vers la biologie moléculaire dans les années 1950 et se mettent désormais à courtiser le cerveau. L'enjeu est en effet attrayant : l'offensive irrésistible des scientifiques semble cette fois en mesure d'élucider les mystères célébrés par les poètes et sur lesquels se sont penchés tant de philosophes. L'effluve de la proie désormais accessible les attire : le cerveau criblé d'électrodes est sur le point de céder à l'assaut final.

Lors de ces quatre dernières décennies, les neurosciences ont littéralement explosé et la connaissance du cerveau s'est développée de façon démesurée. De la mémoire à l'attention, de la motivation au mouvement, du langage à la pensée, le savoir est devenu si vaste et si précis qu'il donnerait le vertige aux meilleurs biologistes et psychologues du XIXe siècle, humiliés d'appartenir à la préhistoire de la science. Les neurosciences sont désormais en pleine expansion et laissent jaillir toute leur force, leur audace et leur assurance.

Excepté en ce qui concerne la conscience. Il suffit de prononcer ce mot et les neurocognitivistes se retirent en masse pour se barricader derrière un agnosticisme de bon aloi. En parler est une preuve de mauvais goût ou tout du moins un signe de dilettantisme. Un professionnel sérieux ou un connaisseur expert sait garder ses distances face à certains sujets qui n'ouvrent aucune perspective de carrière. Il y a certes quelques exceptions, mais il s'agit en général de scientifiques qui, vers la fin de leur vie, pressés par l'approche solennelle et inquiétante de la mort, se livrent à des réflexions cosmiques et crépusculaires.

Mais qu'est-ce que la conscience ? Et pourquoi pousse-t-elle les scientifiques les plus respectables à l'agnosticisme comme s'il s'agissait de l'existence de Dieu ?

D'après une vieille tradition théologique, il est impossible d'énumérer les attributs de Dieu puisqu'il n'est soumis à aucune des limites de notre pauvre entendement. On préfère donc se contenter de détailler ce que Dieu n'est pas. Comme pour Lui, il est plus facile de parler de la conscience *per viam negativam*. Nous la définirons en effet de cette façon : « La conscience, c'est ce qui s'évanouit chaque nuit quand nous dormons d'un sommeil sans rêve. »

Chacun est libre de méditer sur ce qui lui apparaît chaque matin et disparaît chaque soir. En ce qui me concerne, et je crois ne pas être le seul, je dirai que, lorsque je dors d'un sommeil sans rêve, c'est le monde entier qui disparaît, moi y compris. Plus rien n'existe – ni les sons, ni les couleurs, ni les pensées – et moi-même, en particulier, je n'existe plus.

Les métaphores employées pour tenter d'évoquer le néant parlent souvent d'une obscurité et d'un silence sans fin. Mais, comme nous le verrons, l'obscurité et le silence ne représentent absolument pas le néant, ils ont au contraire une signification bien précise pour celui qui les perçoit ou les imagine. Quand il s'endort, au contraire, même le sujet qui perçoit les choses disparaît. Il n'y a ni obscurité ni silence, il n'y a précisément rien de rien. Un vieux proverbe évoque le bruit que fait un arbre tombant dans une forêt où il n'y a personne pour l'entendre. À quoi ressemblerait un univers dont les habitants seraient tous plongés dans un sommeil sans rêve ?

VARIÉTÉS DE CONSCIENCE

La définition de la conscience comme ce qui disparaît quand nous dormons d'un sommeil sans rêve est approximative et manifestement préscientifique. Un des objectifs de ces chapitres consiste précisément à la remplacer par une définition reposant sur une base théorique adéquate, un peu comme la notion commune de masse, définie auparavant comme quelque chose ayant un poids, a été remplacée par une notion scientifique étayée par la théorie inébranlable de la mécanique classique.

Cela n'exclut pas le fait qu'une définition préscientifique peut être utile elle aussi, en permettant d'éviter certains malentendus. Une multiplicité déconcertante de notions diverses se cache en effet derrière le mot « conscience », de la conscience morale (la soi-disant voix de la conscience) à la conscience de soi (c'est-à-dire l'auto-conscience), jusqu'à la conscience du monde extérieur (connue par les neurologues sous le nom de « vigilance »). Il est donc essentiel dès le début de considérer la conscience comme un domaine très vaste incluant la conscience de soi et du monde, et bien plus encore : la conscience est *tout* ce qui disparaît quand nous dormons d'un sommeil sans rêve.

Conscience et conscience de soi

L'expérience consciente, d'autant plus quand nous tentons de l'examiner par introspection, comprend des éléments d'« ordre supérieur[1] » : une composante active, assez souvent une composante réfléchie et en général un rapport à soi. La conscience est active quand nous accomplissons différents types d'efforts tels que rester concentré et éveillé lors d'une conférence ennuyeuse, ne pas oublier le nom des sept rois de Rome, garder en tête un numéro de téléphone pendant quelques secondes, imaginer un âne d'or ou un centaure, multiplier deux nombres premiers, prendre de bonnes résolutions pour la nouvelle année, choisir péniblement une carrière, ou encore rester stoïque sous la douleur. La conscience est donc active quand nous accomplissons un effort d'attention ou de mémoire, d'imagination ou de réflexion, de planification, de choix ou de volonté. Mais l'expérience consciente peut tout à fait être passive, comme lorsque le bruissement des feuilles sous la brise du soir nous laisse rêveurs.

La conscience est réfléchie quand nous méditons sur notre expérience. C'est alors pour ainsi dire une conscience d'ordre plus élevé : la conscience d'être conscient. Notamment quand nous nous demandons si nous étions conscients de la couleur de l'asphalte en conduisant sur une partie déserte de l'autoroute ou si la douleur morale est plus intense que la douleur physique. Mais nous sommes conscients très souvent aussi de façon non réfléchie. Il nous arrive par exemple d'être absorbés par une lecture captivante ou par un tourbillon d'images au cinéma. Une personne qui ne pense pas à ce qu'elle voit, entend, dit et fait représente le paradigme même de la béatitude non réflexive.

La conscience humaine, enfin, fait en sorte que l'expérience consciente soit souvent conscience de soi, qu'elle inclut presque toujours un rapport au moi, au sujet conscient. Nous avons régulièrement recours à la conscience de soi ; elle grandit avec nous et ne nous abandonne jamais complètement[2]. Si elle nous abandonnait, comme cela arrive soi-disant lors de certaines pratiques méditatives ou lors d'une fusion mystique avec la nature sur une plage de la mer Tyrrhénienne, le résultat serait pour le moins difficile à décrire :

Toute trace de l'homme est
perdue. Aucune voix ne résonne,
si j'écoute. Toute souffrance
humaine m'abandonne.
Je n'ai plus de nom.
Et je sens que mon visage
se dore de l'or
méridien,
et que ma barbe
blonde brille
comme la paille marine ;
je sens que le rivage sillonné
par le travail

si délicat des vagues
et du vent s'assimile
à mon palais, s'assimile
au creux de ma main
là où le toucher s'affine.

Et ma force passive
se grave sur le sable,
se répand dans la mer ;
et le fleuve devient ma veine,
la montagne mon front,
la forêt mon pubis,
le nuage ma sueur.
Et moi je suis dans la fleur
du typha, dans l'écaille
de la pomme de pin, dans la baie
de genévrier : je suis dans le fucus,
dans la paille marine,
dans chaque chose insignifiante,
dans chaque chose immense,
dans le sable contigu,
dans les sommets lointains.
Je brûle, je brille,
Et je n'ai plus de nom.

Dans son quart d'heure de dissolution panthéiste, D'Annunzio[3] ne réussit apparemment pas à se libérer complètement de lui-même – chose après tout particulièrement difficile pour un poète – mais tend plutôt à incorporer le monde entier à l'intérieur d'un moi aussi débordant que dilué. Il est préférable de laisser aux passionnés de mantras et aux adeptes de méditation le problème de savoir si un homme d'âge mûr peut vraiment se détacher de tous les éléments superflus de la conscience d'ordre supérieur (activité, réflexion, conscience de soi). Mais il est tout à fait plausible que l'on puisse se libérer de ses ornements les plus encombrants. L'expérience pure d'une couleur, d'un son ou d'une douleur peut parfaitement se manifester sans nécessiter ni effort, ni réflexion, ni sujet constamment conscient de lui-même : la conscience est ainsi allégée de l'angoisse de l'initiative, du doute de la réflexion et des abus du moi.

Et c'est justement cette simple expérience consciente d'une couleur, d'un son ou d'une douleur que nous devons expliquer. Certaines de nos capacités peuvent bien sûr susciter l'admiration, comme notre capacité d'auto-contemplation et à nous rendre hommage dans des sonnets désespérés, notre capacité à réfléchir sur ce qui nous arrive et à nous poser des questions sans réponse, ou encore notre capacité à désirer intensément quelque chose et à nous consumer sans espoir. Mais bien que ces capacités soient nobles, uniques et fassent de nous des êtres humains, ce n'est pas ici que se cache le mystère. Si un simple mortel peut susciter la stupeur et l'émerveillement en atteignant le sublime, comme Michel-Ange lorsqu'il conçut la voûte de la chapelle Sixtine ou Kant quand il évoqua « le ciel étoilé au-dessus de moi et la loi morale en moi », le problème métaphysique le plus ardu se manifeste dans des situations beaucoup plus prosaïques et quotidiennes. Le problème est simplement de savoir comment firent Michel-Ange et Kant, comment fait chacun de nous et comment même le plus ignorant et le plus amoral des hommes a-t-il toujours fait pour *voir* cette voûte et ce ciel étoilé. Le tout est de comprendre en effet comment, la simple décharge d'une multitude de neurones sous un crâne peut produire l'expérience consciente d'une voûte céleste complètement bleue, noire, ou étoilée.

Voici le problème vraiment difficile : expliquer la plus simple des manifestations de la conscience, la plus simple des expériences. C'est là que la science échoue et que les scientifiques les plus ambitieux baissent les bras. Une fois la simple expérience du bleu expliquée, les synthèses sublimes de Kant et de Michel-Ange, la célèbre réflexion d'ordre conatif : « J'ai voulu, toujours voulu, de toutes mes forces j'ai voulu », les réflexions mathématiques et physiques liées à l'observation de l'oscillation du lustre dans la cathédrale de Pise, ou la conscience de soi tourmentée de Zénon, ne poseront aucun problème métaphysique aux scientifiques. Bien qu'il y ait différents types de conscience (active, réfléchie, de soi), il s'agit toujours de la conscience. Certaines questions semblent se soustraire aux griffes de la science. Par exemple, pourquoi une poignée de substance grise et molle peut avoir l'expérience d'un bleu pur en contemplant le ciel ? Le premier pas est le plus difficile[4]. C'est le seul qui nous intéressera au cours de ces chapitres.

Conscience et monde extérieur

Nous devons d'abord éliminer d'éventuels malentendus. Lisons cet extrait d'un roman du XIXe siècle[5] :

« Il regardait ceux qui l'entouraient : ce n'était que des visages jaunes, décharnés, aux yeux hébétés, aux lèvres pendantes ; tous ces gens avaient des vêtements singuliers qui tombaient en lambeaux, et par les déchirures on apercevait des taches et des bubons. "Au large canaille !" criat-il en regardant très loin vers la porte et en prenant en même temps un visage menaçant mais sans bouger, en se recroquevillant pour ne pas toucher ces corps répugnants qui déjà ne le touchaient que trop. Mais aucun de ces insensés ne faisait mine de vouloir s'écarter et ne semblait même l'avoir entendu ; ils le serraient au contraire de plus près. Il lui semblait surtout que l'un d'eux appuyait avec son coude ou avec autre chose sur son côté gauche, entre le cœur et l'aisselle, là où il ressentait une douleur aiguë et comme pesante. Et s'il se contorsionnait pour essayer de s'en libérer, aussitôt c'était autre chose qui venait appuyer au même endroit. Furieux, il voulut porter la main à son épée, mais il lui sembla que, dans la bousculade, elle s'était déplacée et que c'était précisément son pommeau qu'il sentait se presser contre lui. Il y porta la main, mais ne trouva pas son épée et sentit par contre un élancement plus aigu. Frémissant, haletant, il voulut crier plus fort quand il vit tous ces visages se tourner du même côté. Il regarda lui aussi ; il aperçut une chaire et, au-dessus de la balustrade, il vit s'élever quelque chose de convexe, de lisse et de luisant, puis se dresser et apparaître plus nettement une tête rasée, puis deux yeux, un visage, une longue barbe blanche, un moine debout, surplombant la balustrade à hauteur de la taille : le père Cristoforo. Celui-ci, après avoir jeté un regard foudroyant sur l'auditoire, parut s'arrêter sur son visage à lui, don Rodrigo, et en même temps il leva la main, exactement dans l'attitude qu'il avait prise dans cette salle au rez-de-chaussée de son château. Alors don Rodrigo leva lui aussi la main précipitamment, fit un effort comme pour s'élancer et saisir ce bras tendu en l'air ; un cri qui grondait sourdement dans sa gorge éclata en un grand hurlement et il se réveilla.

Il laissa retomber le bras qu'il avait vraiment levé ; il eut quelque peine à retrouver ses esprits, à bien ouvrir les yeux, car la lumière du jour déjà avancé le fatiguait autant que la bougie, la veille au soir. Il reconnut son lit, sa chambre ; il comprit que tout cela n'avait été qu'un rêve : l'église, le peuple, le moine, tout avait disparu. Tout, sauf une chose, cette douleur du côté gauche. En même temps, il sentait au cœur des palpitations violentes, pénibles, dans ses oreilles un bourdonnement, un sifflement continu, et un feu intérieur, une lourdeur dans tous ses membres, plus forte que lorsqu'il s'était couché. Il hésita un moment avant de regarder du côté où il éprouvait cette douleur ; enfin il le découvrit, y jeta un coup d'œil craintif et vit un bubon répugnant d'un violet livide. »

Manzoni décrit ici l'expérience onirique d'un personnage imaginaire, sujet en soi peu prometteur d'un point de vue scientifique. Cependant, le rêve de don Rodrigo nous est utile pour rappeler ce que chacun de nous sait très bien : quand nous dormons profondément et que notre cerveau nous fait don d'un rêve, angoissant ou pas, nous sommes tout à fait conscients. Les expériences oniriques sont parfois si vives qu'elles égalent ou dépassent celles que nous faisons éveillés. Comme don Rodrigo, nous avons parfois du mal à les en distinguer.

Les psychologues ont naturellement écrit et écrivent encore aujourd'hui des traités sur les différences entre l'activité mentale de l'individu qui rêve et de l'individu éveillé, un peu comme les critiques de cinéma s'échinent sur les différences entre les périodes néoréaliste et fantastique de Fellini. Mais, dans les deux cas, les ressemblances sont beaucoup plus importantes que les différences : le metteur en scène reste le même[6]. Lors d'un rêve, nous voyons des formes, des couleurs et des mouvements, exactement comme lorsque nous sommes éveillés. Nous sommes dotés de cinq sens – plus ou moins – que nous soyons éveillés ou dans nos rêves. Ce sont les combinaisons qui changent, pas les ingrédients[7].

Le rêve, traditionnellement considéré comme aléatoire et imprévisible d'un point de vue scientifique, met ainsi en évidence un point fondamental pour les sciences : la conscience, loin d'être un miroir du monde extérieur, est un produit exclusif du cerveau. Nous sommes conscients, que le cerveau soit ou non en communication avec le monde extérieur[8].

Le monde et le cerveau

Mais le rêve nous fait part d'autre chose : le monde lui-même, tel que nous le connaissons, est une création du cerveau. Ce dernier, isolé temporairement du monde extérieur, est capable de créer un espace, un temps, des formes, des couleurs, des mouvements, des sons, des odeurs, des saveurs et même de tisser une histoire pleine de décors différents et de rebondissements.

Si cela semble un peu abstrait, voici une expérience toute récente et on ne peut plus concrète. Il y a quelque temps, deux chercheurs ont réussi à maintenir en vie pendant une journée entière le cerveau d'un cobaye séparé du reste de son corps et du monde[9]. Un cerveau isolé dans un bac de solution saline, sans yeux ni oreilles. Sans pattes, sans buste, sans crâne pour le défendre. Eh bien ! durant les quelques heures où ils réussirent à enregistrer l'activité cérébrale, les deux chercheurs constatèrent que les neurones du cerveau nu, séparé du corps, montraient tous les signes du sommeil REM (ou sommeil paradoxal), ce stade du sommeil où les rêves sont particulièrement fréquents et agités. Nous ne pouvons naturellement pas savoir si le cobaye était conscient et, si oui, de quoi. Ne disposant pas encore d'une théorie scientifique convaincante de la conscience, nous ne pourrions d'ailleurs pas le savoir même avec un cobaye en état de vigilance et pourvu d'un corps. Mais cela nous permet déjà de comprendre que, s'ils avaient fait l'expérience sur un être humain plutôt que sur un cobaye peu loquace, le pauvre homme aurait certainement continué à rêver et à être conscient[10].

Le cobaye sans corps ni crâne nous rappelle, comme le comprirent Kant puis Schopenhauer, que ce dont nous avons l'expérience n'est pas la réalité « en tant que telle », mais une construction de notre cerveau adulte qui nous suffit pour survivre et nous adapter au monde extérieur, celui-ci pouvant prendre toutes les formes possibles mais restant toujours une construction de notre cerveau.

Les philosophes ne sont pas les seuls à avoir eu cette intuition. Si l'on peut entrevoir des formes familières dans les contours des nuages, on peut aussi projeter ses propres obsessions dans les lignes d'un chef-d'œuvre. *La Création d'Adam* dans la chapelle Sixtine a été décrite, analysée, disséquée, interprétée et utilisée de mille façons différentes, plus ou moins pertinentes. Mais si au lieu des textes d'histoire de l'art nous consultons des livres d'anatomie et de physiologie, nous n'aurions aucune difficulté à reconnaître dans les contours du manteau du Créateur et des anges qui l'entourent le profil incomparable du cerveau, avec l'artère basilaire, la moelle épinière, le pont de Varole, l'hypophyse (le pied bifide d'un ange), le chiasma optique et naturellement les différents lobes cérébraux[11].

Michel-Ange avait de bonnes connaissances en anatomie notamment parce qu'il l'avait étudiée de première main. Vasari raconte que Michel-Ange « fit pour l'église de Santo Spirito, à Florence, un crucifix en bois qui est posé sur le maître-autel, au-dessus du bas-relief, et qu'il exécuta pour un prieur qui l'avait logé dans le couvent. Il se livra alors fréquemment à des études anatomiques en disséquant des corps morts, et ses dessins devinrent peu à peu d'une grande perfection et précision. [...] Il continua sans cesse ces études anatomiques, disséqua des corps pour examiner la composition et la jointure des os, des muscles, des veines, des nerfs, ainsi que les mouvements divers et toutes les postures du corps humain ; [...] il m'a souvent dit que, s'il avait eu un élève, malgré son vieil âge, il aurait volontiers travaillé l'anatomie[12]. »

Michel-Ange connaissait aussi très bien l'un des plus grands anatomistes de l'époque, Realdo Colombo, élève de Vésale, professeur d'anatomie à Pise puis à Rome, grand ami du pape Paul IV et qui découvrit la circulation du sang du cœur aux poumons[13]. Les dissections anatomiques de Colombo étaient célèbres à Rome, des cardinaux et des archevêques y assistaient souvent. C'était un très fin observateur ; il soutenait qu'on pouvait apprendre plus de choses en une heure d'expériences sur une poule qu'en trois mois d'études des textes de Galien. Il défendait en outre la thèse de ses contemporains selon laquelle le siège de la conscience était dans le cerveau et nulle part ailleurs. Michel-Ange enfin connaissait bien les cercles néoplatoniciens de Florence où l'on célébrait l'unité formée par Dieu, l'esprit, l'homme et la nature. Nous pouvons donc penser sans prendre trop de risques que Michel-Ange a voulu en réalité représenter le cerveau humain dans les plis du manteau divin.

Les artistes ressentent souvent plus qu'ils ne comprennent. Nous avons dit que le cerveau est l'origine de la conscience et, par conséquent, pour chacun de nous, l'origine du monde entier. La synapse séparant le doigt du Créateur de celui d'Adam peut vouloir dire beaucoup de choses. Mais il est difficile de ne pas penser qu'elle signifie, de la façon la plus magnifique, que le monde est créé par le cerveau[14].

En effet, chaque fois que notre cerveau s'endort, suite à une anesthésie ou à un traumatisme, c'est le monde entier qui disparaît pour nous. Tout comme un univers entier s'efface, mais de façon définitive, chaque fois qu'un être humain perd la vie.

CHAPITRE 2

CONSCIENCE ET CERVEAU

D'où vient la réticence des scientifiques les plus sérieux à l'égard du problème de la conscience ? Les raisons historiques et sociologiques sont nombreuses. Mais la plus importante est un sentiment fâcheux d'impuissance. De nombreux scientifiques ont la nette sensation que la conscience est intrinsèquement étrangère à l'approche scientifique. Même si l'on avait découvert tout ce qu'il y a à savoir sur le cerveau, retracé tous les circuits, analysé toutes les molécules, compris comment fonctionnent le système visuel, le système auditif, le contrôle du mouvement, la mémoire, le sommeil et la veille, même si l'on pouvait donner une explication exhaustive de chaque aspect du comportement humain ou animal, les raisons pour lesquelles existe une expérience subjective, pour lesquelles le bleu apparaît bleu et le rouge apparaît rouge, resteraient à tout jamais hors de portée de la science. C'est un des rares cas de modestie scientifique.

Freud est l'exemple type du scientifique qui voyait peut-être mal mais beaucoup plus loin que les autres, du scientifique animé d'une ambition sans limites. Il a pourtant écrit au début de sa carrière que les raisons pour lesquelles une activité subjective correspondait à l'activité de certains neurones bien précis resteraient un mystère insondable. À la fin de sa carrière, il écrivit une fois encore de façon assez perspicace que la science pourrait offrir une localisation plus précise des bases matérielles de l'expérience consciente mais ne pourrait jamais en donner une explication.

Il n'avait pas totalement tort. Exactement comme il l'avait prévu, les quelques neurocognitivistes ayant étudié sérieusement les bases cérébrales de la conscience ont suivi précisément le chemin qu'il indiquait, mettant en évidence progressivement les parties du cerveau importantes pour la conscience en employant toutes les méthodes à leur disposition, mais en renonçant à chercher une explication.

La stratégie consistant à localiser avec la plus grande précision possible le substrat physique de la conscience a été et continue d'être plutôt fructueuse. Les Grecs ne s'accordaient pas sur la partie du corps responsable de la conscience. Aristote soutenait que c'étaient les poumons, tandis que selon Alcméon de Crotone – un médecin – c'était le cerveau. À la Renaissance, on commença à étudier quelles étaient les parties du cerveau les plus importantes pour la conscience. Et, au XIXe siècle, on savait déjà clairement que la moelle épinière ou le cervelet n'étaient pas d'une grande importance contrairement au cortex cérébral. Dès lors, le front s'est déplacé à l'intérieur même du cortex cérébral. Même si l'issue est encore incertaine, on combat désormais au sein du cortex, de zone en zone, pour ne pas dire de couche en couche, de neurone en neurone. Les optimistes montrent le bout de leur nez en prévoyant que, d'ici peu, on pourra localiser la conscience sur un archipel cérébral minuscule, où des centaines de neurones exotiques et privilégiés se seraient installés[1]. Qui sait si nous ne finirons pas par comprendre. Mais, en attendant, notre ignorance est pour le moins embarrassante. Nous pouvons facilement le prouver.

Cervelet et cerveau

Dans la fosse crânienne postérieure, plus ou moins dans la continuation de la nuque, se cache une partie extrêmement élégante du cerveau. Cette partie s'appelle le « cervelet » en raison non pas du nombre de ses composants mais de sa dimension. Si l'on considérait les neurones comme des habitants, le cervelet représenterait par rapport au reste du cerveau ce que la Russie européenne représente par rapport à la Russie asiatique. Cent quinze millions de Russes européens se concentrent sur 3,5 millions de kilomètres carrés tandis que 31 millions de Russes asiatiques vivent sur 13,5 millions de kilomètres carrés. Ainsi, le cervelet, dont le poids est seulement de 150 grammes, contient environ 50 milliards de neurones tandis que le cortex cérébral qui pèse avec toutes ses fibres nerveuses environ un kilo en contient « à peine » 30 milliards.

Le cervelet a d'importantes ressources. Il dispose d'un réseau de communication aussi vaste et sophistiqué que le cerveau, il contient autant de substances chimiques que le cerveau lui-même[2] et entretient de nombreux rapports avec le monde extérieur. Il reçoit des signaux visuels, auditifs, tactiles et d'autres encore, et il envoie des commandes motrices qui peuvent régir de nombreux aspects du comportement. C'est en somme, tout comme le cerveau lui-même, un chef-d'œuvre de complexité biologique. Il se glorifie en outre d'une histoire phylogénétique dont les origines remontent encore plus loin.

Pourtant le cervelet constitue une énigme pour celui qui considère sérieusement la question des bases biologiques de la conscience. Certaines tumeurs envahissent rapidement le cervelet et menacent de s'étendre à tout le cerveau. Dans ces cas-là, une intervention chirurgicale radicale est parfois opportune : l'ablation du cervelet. Le cervelet est entièrement extirpé avec ses 50 milliards de neurones, ses milliards de milliards de connexions nerveuses, toutes ses substances chimiques ainsi que toutes ses cartes sensitives et motrices.

Quelles sont les conséquences d'une telle opération qui élimine jusqu'à la moitié des neurones du système nerveux central ? Elles sont évidentes et bien connues des neurologues. On peut reconnaître de loin un patient qui a subi une lésion ou une ablation du cervelet. On le distingue simplement à sa façon de marcher, les jambes écartées, avec incertitude et difficulté, comme s'il était ivre. Vu de plus près, il est clair que le patient a des problèmes de coordination de mouvement. Si on lui demande de se toucher le nez avec son doigt – un test neurologique type –, son mouvement sera parfois trop rapide, parfois trop hésitant, le doigt ira rarement droit au nez mais souvent à côté, on observera des oscillations comme si le doigt se mettait à danser autour du nez. Ces oscillations se traduisent parfois par un réel tremblement du patient chaque fois qu'il accomplit un mouvement volontaire. On peut remarquer le même type de problème pour les mouvements des yeux, mal coordonnés eux aussi, et souvent dans la façon de s'exprimer – le patient finit par scander les mots, quasiment syllabe par syllabe, parfois de façon explosive.

Face à ces difficultés évidentes observées dans la coordination motrice, on ne peut s'empêcher d'être étonné quand on constate que, chez ces patients, l'expérience consciente n'a subi aucune modification. L'expérience subjective d'un patient ayant subi des lésions au cervelet semble en effet inchangée ; le flux des perceptions reste le même, avec la même richesse et la même intensité – formes, couleurs, sons, odeurs, saveurs, émotions, pensées ; l'immense variété de la conscience reste parfaitement intacte[3].

Le résultat serait radicalement différent si l'on endommageait le système thalamo-cortical du cerveau – à savoir le cortex cérébral et la couche compacte de neurones sur laquelle il repose, le thalamus. On assiste dans ce cas à une disparition virtuelle de la conscience et à celle du propriétaire du cerveau. Le moi qui habitait auparavant ce crâne et ce corps est annihilé. Ne reste qu'un cadavre psychique, un corps sans esprit, une dépouille sans âme, un tronc à l'intérieur duquel nulle flamme ne vacille. Le terme médical pour cette forme de coma – un sommeil sans rêve dont on ne se réveille pas – est tout à fait approprié : il s'agit de l'« état végétatif ».

On peut constater que le système thalamo-cortical est fondamental pour l'expérience consciente non seulement du fait de la disparition irréversible de la conscience quand tout le système est détruit mais aussi en conséquence des lésions de certaines zones bien précises du cortex. Les lésions de certaines parties des lobes temporaux du cortex cérébral suppriment par exemple la conscience auditive tandis que celles des lobes occipitaux anéantissent l'expérience visuelle consciente. Des lésions plus étroites du cortex cérébral peuvent produire de véritables « trous » dans la conscience, elles modifient plus ou moins ses différents éléments. Si, par exemple, la zone du cortex occipital appelée V5 est endommagée par une intervention chirurgicale, par un infarctus ou par une tumeur, la perception consciente du mouvement visuel disparaît, mais les autres aspects de la vision, comme la perception des formes et des couleurs, ne subissent aucun changement. *Vice versa*, des lésions partielles de la circonvolution fusiforme détruisent la capacité de percevoir les couleurs tandis que la perception des mouvements et des formes reste indemne. Si l'on enlevait une par une les différentes zones qui composent le cortex cérébral (on en compte des centaines), l'expérience consciente serait chaque fois amoindrie.

Pourquoi cela ? Pourquoi les neurones du cortex cérébral contrairement à ceux du cervelet ont-ils un rôle privilégié dans la détermination de l'expérience subjective ? Ce n'est pas une question de nombre, il ne s'agit ni du nombre de connexions, ni de celui des transmetteurs ou des autres molécules en jeu. La question ne concerne pas non plus la réception des entrées par voie sensorielle ou l'influence des sorties motrices. Pour ce qui est de ces éléments, le cervelet s'en tire plus ou moins comme le cortex cérébral, et peut-être mieux. Les différences observables ne justifient pas de toute façon une telle divergence entre les effets de l'ablation du cervelet sur la conscience (aucun effet) et ceux de l'ablation du cerveau (disparition de la conscience).

Pourquoi le cervelet malgré toute sa complexité biologique n'a-t-il contrairement au cerveau aucun rapport avec la conscience ? On cherche encore la réponse auprès des neurocognitivistes les plus renommés et dans les livres de neurobiologie. Pas l'ombre d'une explication ! Pis, ils semblent même ne s'être jamais posé la question. Comme s'il s'agissait d'une question élémentaire qui ne mérite pas d'être prise en considération.

Or savoir que la conscience est créée par le cerveau et non par le cervelet représente une des données les plus importantes en notre possession, elle nous éclaire sur les fondements biologiques de la conscience. Le cerveau et le cervelet nous invitent à faire des observations extrêmement importantes : ils partagent un grand nombre de caractéristiques mais ne pourraient être plus différents l'un de l'autre en ce qui concerne la conscience. Cet exemple semble donc parfait pour découvrir quelles sont leurs différences cruciales[4].

Sommeil et veille

Au début de cet ouvrage, nous avons présenté une définition de la conscience fondée sur le contraste entre le moment où nous sommes éveillés et celui où nous dormons d'un sommeil sans rêve. Quand nous sommes éveillés, nous sommes conscients et en contact direct avec le monde extérieur. Lors d'un sommeil sans rêve, la conscience disparaît ou presque. Ce n'est pas sans raison qu'un grand neurocognitiviste a défini le sommeil comme

« l'annihilation abjecte de la conscience[5] ». Comme nous l'avons souligné au début, le sommeil nous rappelle chaque nuit que le monde entier cesse de nous concerner et disparaît par un simple changement d'activité de notre cerveau.

Il devrait donc être assez simple d'établir ce qui est responsable de la perte de conscience lors d'un sommeil sans rêve. En effet, cela ne posait aucun problème au début du XXe siècle. D'après l'opinion générale, le cerveau se reposait durant le sommeil. Les cellules nerveuses occupées durant l'état de veille à répondre aux stimuli venant du monde extérieur, à programmer les actions à accomplir et à recevoir et émettre des informations devaient s'octroyer une pause pour retrouver leur énergie. Suivant le même raisonnement, la conscience, compagne fidèle de l'état de veille, devait elle aussi se reposer.

Les neurocognitivistes furent surpris de découvrir que, durant le sommeil, le cerveau ne se reposait pas du tout. Ou tout du moins pas comme ils le pensaient. Quant au nombre de décharges neurales produites, on sait désormais que la plupart des neurones du cortex cérébral sont quasiment aussi actifs durant le sommeil que durant l'état de veille. Si un neurone type du cortex cérébral décharge dix fois par seconde quand nous sommes éveillés, parfois plus, parfois moins selon qu'il est amené à agir ou à se taire, ce même neurone déchargera presque autant de fois lors d'un sommeil profond. Il n'a pas beaucoup de temps pour se reposer.

Mais si l'activité nerveuse du cortex cérébral ne cesse jamais et ne diminue pas même un peu durant les heures de sommeil profond, pourquoi la conscience se trouve-t-elle nettement réduite lors de certaines phases du sommeil ? Pourquoi, si nous réveillons quelqu'un dormant d'un sommeil profond, appelé « sommeil à ondes lentes », et si nous lui demandons de raconter les pensées et expériences conscientes qui viennent de traverser son esprit, celui-ci a-t-il bien peu de choses à nous dire ? Après un long moment de confusion, caractéristique de la sortie du sommeil à ondes lentes, l'individu éveillé n'aura souvent rien à relater. Dans d'autres cas, il nous racontera quelques pensées ou images isolées. Il dira par exemple : « Je crois me souvenir de la préparation d'un examen. Je ne saurais rien ajouter d'autre. C'est tout », ou bien : « Je crois me souvenir d'une table, rien de plus. »

Cet appauvrissement de la conscience ne s'accompagne pas d'un même appauvrissement de l'activité nerveuse. Certes, le mode de décharge des neurones se modifie. Le changement le plus important s'effectue lors du sommeil à ondes lentes : tous les neurones corticaux, apparemment sans aucune exception, déchargent pendant environ deux tiers de seconde exactement comme durant l'état de veille, mais pendant un tiers de seconde, ils cessent de décharger et le font plus ou moins tous au même moment – ils vont vers ce qu'on appelle l'*oscillation lente* de leur charge électrique. C'est un peu comme si nous étions éveillés par intermittence, avec une brève interruption d'une fraction de seconde, une fois par seconde. Les mécanismes responsables de cette oscillation lente ne sont pas encore tout à fait clairs mais les oscillations semblent provoquées par l'ouverture de certains canaux laissant passer le potassium sur la surface des cellules nerveuses. Ce changement est bien sûr déterminant, mais la raison pour laquelle il l'est reste mystérieuse. En d'autres termes, nous ne comprenons pas du tout pourquoi, durant l'état de veille, l'activité des neurones corticaux permet une conscience totale tandis que cette même activité durant un sommeil à ondes lentes n'autorise qu'une conscience partielle.

Une fois encore, il serait vain de chercher une réponse dans les livres de neurobiologie. Nous sommes ici aussi face à une différence manifeste et incontestable (être pleinement conscient ou ne l'être quasiment pas) sur laquelle nous détenons de précieuses observations : la même structure est productrice ou non de conscience selon la façon dont les neurones s'activent ou interagissent entre eux.

Cette idée tend à être confirmée si l'on sort un individu d'un autre stade du sommeil, le stade REM, lors duquel les canaux laissant passer le potassium sont fermés comme en état de veille et les oscillations lentes disparaissent ; on obtient en général un compte rendu semblable à celui d'un individu éveillé – le récit d'un rêve long et compliqué, un rêve débordant de perceptions vives, souvent plein d'émotions et se déroulant dans le temps comme une histoire vraie[6].

Les rapports mystérieux de la conscience avec le cerveau et le cervelet d'un côté et avec la veille et le sommeil de l'autre constituent deux paradoxes fondamentaux de la neurobiologie qui soulignent à quel point notre ignorance est profonde. Le philosophe anglais Colin McGinn avait peut-être raison quand il déclara il n'y a pas si longtemps : « Nous avons tenté pendant longtemps de résoudre le problème de l'esprit et du corps. Il a résisté avec entêtement à nos plus grands efforts. Le mystère persiste [...] le moment est venu d'admettre candidement que nous ne pouvons pas le résoudre. » Tous ces scientifiques ont peut-être raison de considérer la conscience comme hors de portée de la science. Ou faut-il tout simplement emprunter un chemin différent.

L'un
et le grand nombre

La théorie est la Cendrillon des neurosciences. Les théoriciens sont les pauvres et les déshérités des grands centres d'études consacrés au cerveau. Et à juste titre. Le cerveau est d'une telle complexité que prétendre en comprendre le fonctionnement à l'aide d'un système, même infaillible, de simples équations revient à tenter de garder l'eau de la mer dans un filet de pêche. Laissez tout de même les théoriciens et les mathématiciens écrire leurs équations. Le cerveau a plus d'arbres que la jungle, plus de rues qu'une ville, il est plus modelable que le sable du désert et plus changeant que les vagues de la mer. Qui envisagerait de pouvoir réduire les changements incessants des dunes, la circulation lors des heures de pointe ou le labyrinthe de la faune et de la flore dans la forêt tropicale en une simple série d'équations ?

Les neurosciences semblent aujourd'hui extrêmement empiriques. Seules les données comptent et celles-ci proviennent des expériences. Les données confèrent le prestige et le pouvoir, elles constituent l'alpha et l'oméga de tout progrès. Elles représentent pour les neurologues une victoire à chaque découverte de molécule, à chaque développement d'une nouvelle technique permettant d'examiner l'intérieur des synapses, à chaque naissance d'un animal transgénique et à chaque enregistrement de l'activité d'un, de dix ou de mille neurones, ou des concentrations variables d'activités de certaines zones cérébrales entières. Les victoires ont été très nombreuses et très importantes ces dernières années.

Comment est-il possible alors que l'armée déterminée et implacable des neurosciences ne réussisse pas à pénétrer le royaume de la conscience ? Freud avait-il raison ? Réussirons-nous à connaître chaque neurone, peut-être chaque synapse et chaque molécule du cerveau humain, sans jamais parvenir à comprendre pourquoi la flamme de la conscience jaillit de la boue grise du cerveau ? Serions-nous donc condamnés à découvrir tous les secrets du château labyrinthique du cerveau sans jamais pour autant en connaître le propriétaire ?

De différents marbres, par un travail subtil,
Était construit le palais altier.
Par la porte dorée entra en courant
Le chevalier étreignant la donzelle.
Presque aussitôt après entra Bridedor,
portant Roland hautain et fier.
Passé la porte, Roland détourne les yeux,
et ne regarde plus ni sa belle ni l'audacieux.

Il descend aussitôt bas et passe fulminant
Dans les pièces les plus reculées.
Il court par-ci, il court par-là et n'a de cesse
Qu'il ait vu chaque chambre et chaque balcon,
Puis les recoins de chaque salle basse
Ayant fouillés, il monte l'escalier
Et ne perd encore pas moins à chercher en haut,
Qu'il n'a perdu en bas, de temps et de peine.

D'or et de soie, il voit des lits ornés ;
Rien n'apparaît des murs ni des cloisons,
Car tout, même le sol où l'on met les pieds,
Est recouvert de courtines et de tapis.
Le comte Roland grimpe, et descend, et s'en retourne,
Mais son regard ne peut s'apaiser
Car il ne voit ni Angélique ni ce maudit ladre
Qui a emporté son beau visage radieux.

Et tandis qu'il allait vainement
de-ci de-là, rempli de tourments et d'inquiétudes,
Il se trouva face à Ferragus, Brandimart
puis au roi Gradasse,
au roi Sacripante et à d'autres chevaliers
qui allaient et venaient,
Suivant non moins que lui de vains sentiers,
Et tous s'en prenaient au malveillant
Seigneur invisible de ce château[1].

La clé de la conscience, le secret pour trouver le propriétaire du château, n'est pas un gène non identifié, une molécule encore inconnue, ni même une nouvelle technique de visualisation du cerveau. Nous avons désormais suffisamment de données et d'observations incontestables à notre disposition qui ne demandent qu'à être interprétées. Pourquoi l'expérience consciente est-elle si différente lorsqu'on dort et lorsqu'on est éveillé ? Pourquoi donc le cervelet, contrairement au cerveau, n'a aucun rapport avec la conscience malgré sa multitude de neurones, de synapses et de molécules ? Doit-on découvrir d'autres différences avant de cesser de creuser et de commencer à réfléchir ? Il suffirait de réussir à expliquer cette différence d'une manière satisfaisante et la moitié du travail serait faite.

La biologie offre des précédents très intéressants. Les données en faveur de l'évolution par sélection naturelle étaient nombreuses et manifestes avant même *De l'origine des espèces*. Il s'agissait non pas d'en accumuler d'autres mais de les interpréter à la lumière d'une théorie et de les ordonner. La variabilité individuelle au sein de chaque espèce était déjà clairement mise en évidence, de même que la continuité entre les espèces. Des siècles durant, les éleveurs n'avaient cessé de sélectionner les caractéristiques pouvant faire partie d'un héritage. Tous les ingrédients étaient déjà là. Seule une théorie manquait pour les combiner dans le bon ordre.

C'est la même chose pour la conscience et les neurosciences. Seule la théorie, la Cendrillon pauvre mais noble des neurosciences, peut pénétrer au cœur du château enchanté et nous révéler l'identité de son propriétaire. En employant un registre moins fantastique, le problème de la conscience requiert, peut-être plus que tout autre problème des neurosciences, une approche purement théorique. Nous commencerons donc par nous demander ce que nous devons réellement expliquer, puis ce qui peut constituer une explication. Car il doit certainement en exister une.

CHAPITRE 3

LES DEUX PROBLÈMES
DE LA CONSCIENCE

Il nous faudra peu de temps pour mettre en évidence ce qu'il faut réellement expliquer. Les problèmes fondamentaux sont en effet au nombre de deux : nous les appellerons « premier » et « second problème » de la conscience.

Le premier problème :
Galilée et la photodiode

Le premier problème consiste à identifier les conditions nécessaires et suffisantes de l'expérience consciente. Pourquoi l'expérience consciente existe-t-elle quand nous sommes éveillés et non pas quand nous sommes profondément endormis ou sous l'effet d'un anesthésique ? Pourquoi le cerveau en est-il responsable et non pas le foie ou le rein ? Et pourquoi certaines parties du cerveau et pas d'autres ? Qu'ont-elles de particulier ?

Quasiment toutes les discussions et tous les paradoxes au sujet de la conscience ont un rapport avec cette première question. Les philosophes considèrent ce problème comme insoluble ; il semble en effet défier toute possibilité de compréhension scientifique et rester insondable même si les neurosciences progressent jusqu'à révéler en détail tous les autres aspects du fonctionnement mental.

Nous savons déjà expliquer divers phénomènes d'un point de vue scientifique, notamment comment le cerveau peut emmagasiner les souvenirs, comment il peut contrôler avec précision les mouvements nécessaires pour jouer d'un instrument de musique ou mettre en œuvre nos capacités linguistiques dont nous sommes à juste titre très fiers. Mais nous restons pourtant incapables d'expliquer comment certaines parties du cerveau permettent l'expérience consciente.

Pour donner un exemple, les neurocognitivistes cherchent à connaître depuis longtemps les mécanismes neuraux par lesquels le cerveau contrôle la préhension d'un objet : la programmation de la séquence motrice, la coordination parfaite des différents membres, le contrôle précis de la force exercée par les dizaines de muscles impliqués, les modifications compensatrices de la position du corps. Ce sont des mécanismes extrêmement compliqués et sophistiqués et nous commençons depuis peu à les comprendre. Mais nous savons qu'ils sont à notre portée – il n'y a rien en eux de mystérieux ou de potentiellement insondable, une fois les mécanismes compris, tout s'explique.

De la même façon, les scientifiques cherchent à connaître depuis longtemps les mécanismes neuraux nous permettant de distinguer une couleur d'une autre. Certains détails nous échappent encore mais nous commençons à avoir une idée assez précise de la façon dont les circuits neuronaux localisés dans certaines zones du cortex cérébral peuvent répondre différemment à des stimuli visuels provenant d'objets de « réflectance » différente et cela, indépendamment des conditions d'éclairage[1]. Nous comprendrons certainement de mieux en mieux la capacité de notre système visuel à distinguer des superficies de réflectance différente, celles par exemple reflétant des longueurs d'onde correspondant au rouge et celles reflétant des longueurs d'onde correspondant au bleu. Mais même si les mécanismes de distinction des couleurs sont un jour expliqués dans les moindres détails, nous continuerons à ne pas comprendre comment peut exister, parallèlement à ces neurones du cortex visuel, l'expérience consciente du rouge ou du bleu.

Pour bien comprendre le premier problème de la conscience, prenons un exemple idéalisé, une expérience de pensée le réduisant à sa plus simple expression. Il existe une longue tradition d'expériences de pensée dans l'histoire des sciences. Nous connaissons tous l'expérience du seau de Newton et celle de l'ascenseur d'Einstein. Galilée reste cependant le plus grand adepte de ces expériences de pensée qu'il fut le premier à mettre au service de la nouvelle science.

Lors de l'une d'entre elles, il parvint par exemple à résoudre le problème de la relativité du mouvement :

« Enfermez-vous avec un ami dans la plus grande cabine sous le pont d'un navire et prenez avec vous des mouches, des papillons et d'autres petites bêtes qui volent ; munissez-vous aussi d'un grand récipient rempli d'eau et de petits poissons ; accrochez enfin un petit seau dont l'eau coule goutte à goutte dans un autre vase à petite ouverture placé en dessous. Quand le navire est immobile, observez attentivement comment les petites bêtes qui volent vont à la même vitesse dans toutes les directions de la cabine, les poissons nagent indifféremment de tous les côtés, les gouttes tombent dans le vase placé au-dessous ; si vous lancez quelque chose à votre ami, vous n'avez pas besoin de le jeter plus fort dans une direction que dans une autre lorsque les distances sont égales ; si vous sautez à pieds joints, vous franchirez des espaces égaux dans toutes les directions. Quand vous aurez soigneusement observé cela, bien qu'il soit évident que les choses se passent ainsi quand le navire est immobile, faites aller le navire à la vitesse que vous voulez ; pourvu que le mouvement soit uniforme, sans balancement dans un sens ou dans l'autre, vous ne remarquerez pas le moindre changement dans tous les effets précédemment indiqués ; rien ne vous permettra de vous rendre compte si le navire est en marche ou immobile[2]. »

Lors d'une autre expérience de pensée, Galilée imagina une boule parfaitement sphérique se déplaçant sur une surface totalement lisse sans rencontrer la moindre résistance. En partant de cette situation idéalisée, Galilée put conclure que la boule n'aurait rien pu faire d'autre que de continuer à se déplacer en suivant un mouvement uniforme et sans demander la moindre force pour maintenir son mouvement. Galilée bouleversa les bases de la physique aristotélicienne et formula la première loi de la dynamique – le principe d'inertie – non pas à l'aide de preuves expérimentales, difficiles à obtenir dans ce cas, mais grâce aux ressources de son imagination.

Il peut par conséquent être judicieux de demander à Galilée de se mettre en position de sujet d'autres expériences de pensée qui nous permettront d'affronter les paradoxes de la conscience.

La première se déroule dans une pièce assez étrange, totalement vide et de forme apparemment sphérique étant donné l'absence de murs et la luminosité diffuse et lactescente. Seul un meuble se trouve au centre de cette pièce mystérieuse : un grand fauteuil dans lequel Galilée est invité à s'asseoir confortablement. Nous lui expliquons alors en quoi consiste l'expérience : il devra dire à voix haute si la pièce est éclairée comme elle l'est à présent ou si elle est plongée dans une obscurité totale. Galilée devra simplement dire « lumière » ou « obscurité » selon les circonstances. Rien de plus. Nous l'invitons à répondre rapidement et à se concentrer sur ses réponses malgré la simplicité de sa tâche.

Cette expérience d'une grande simplicité ne pose bien sûr aucun problème à Galilée (après tout, c'est une expérience de pensée) mais ses éventuels résultats lui inspirent de sérieux doutes. Quoi qu'il en soit, Galilée s'y prête de bonne grâce et, en effet, pendant quelques minutes, parfaitement détendu, il assiste quasiment chaque seconde au passage de la lumière à l'obscurité et *vice versa*. Et il communique docilement ces changements. Après un certain temps, comme nous pouvons l'imaginer, il commence à s'ennuyer et demande que l'on en tienne compte ; nous décidons sans hésiter de lui donner satisfaction. Il est évidemment très curieux du sens de cette expérience.

Nous répondons alors à sa curiosité par une petite récompense : nous lui montrons son adversaire, la photodiode. Galilée, dont l'enthousiasme pour chaque nouvel instrument est bien connu, pour la lunette comme pour le microscope, est extrêmement intéressé. Nous lui avouons qu'il devra beaucoup étudier pour continuer à vivre avec son temps. Mais Galilée n'a bien sûr rien à voir avec les savants qui vivent enfermés dans leur bulle. Il a goûté à tous les fruits de la vie et, malgré un âge où beaucoup de choses ont perdu de leur saveur, sa curiosité innée ne l'a pas abandonné ; au contraire, elle s'est aiguisée. Lorgner sous les jupons de mère nature est la seule pensée pouvant réveiller son instinct assoupi.

Mais contentons-nous pour le moment de lui expliquer en quoi consiste la photodiode. Cet objet extrêmement simple n'est qu'un petit circuit électrique contenant une résistance variable. La résistance varie selon l'exposition à la lumière de telle sorte que le flux du courant augmente avec l'intensité lumineuse. Nous expliquons ainsi à Galilée qu'à son insu nous avions placé dans cette pièce une photodiode dont nous enregistrions le courant sortant. La photodiode en question a été simplifiée ultérieurement et montée de façon à émettre un signal « allumé » quand le courant dépasse une certaine valeur et un signal « éteint » quand il est inférieur à celle-ci. La photodiode a été aussi précise que Galilée. En d'autres termes, tous deux indiquaient de façon fiable si la pièce était éclairée ou dans l'obscurité. En revanche, la photodiode n'est pas encore fatiguée, contrairement à Galilée. Bon joueur, celui-ci accorde de bonne grâce la victoire à la photodiode mais ne cache pas sa perplexité sur le sens de l'expérience. Quel est l'intérêt de cet étrange duel entre le grand Galilée et une simple photodiode ?

Parmi ses nombreuses contributions, Galilée donna des critères pour distinguer clairement les qualités primaires des objets de leurs qualités secondaires. En suivant les traces de Démocrite et d'Aristote, il sépara les qualités primaires des corps (l'extension, la position, la forme, le mouvement et le nombre) dont l'existence ne dépend pas de la présence d'un observateur conscient, et les qualités secondaires (les couleurs, les saveurs et les odeurs) qui dépendent d'un observateur conscient et non de l'objet lui-même. Il écrivit dans un célèbre passage de *L'Essayeur* :

« Je me sens nécessairement amené, dès que je conçois une matière ou une substance corporelle, à la concevoir à la fois comme limitée et dotée de telle ou telle figure, grande ou petite par rapport à d'autres, occupant tel ou tel lieu à tel ou tel moment, en mouvement ou au repos, en contact ou non avec un autre corps, simple ou composée, et je ne puis aucunement l'imaginer indépendamment de ces conditions ; mais qu'elle doive être blanche ou rouge, amère ou douce, sonore ou sourde, d'odeur agréable ou désagréable, je ne vois rien qui contraigne mon esprit à l'appréhender nécessairement accompagnée de ces conditions ; et peut-être que ni le raisonnement ni l'imagination ne les découvriraient sans le secours des sens. Je pense donc que ces saveurs, ces odeurs, ces couleurs, etc., eu égard au sujet qu'elles semblent accompagner, ne sont que de purs noms et n'ont leur siège que dans le corps sensitif, de sorte qu'une fois le vivant supprimé, toutes ces qualités sont détruites et annihilées [...].

[...] Mais que, dans les corps extéricurs, il faille, pour susciter en nous les saveurs, les odeurs et les sons, autre chose que des grandeurs, des figures, des nombres et des mouvements lents ou rapides, je ne le crois pas ; et j'estime que si l'on supprime les oreilles, la langue et le nez, il reste bien les figures, les nombres et les mouvements, mais non plus les odeurs, ni les saveurs, ni les sons qui, en dehors de l'animal vivant, selon moi, ne sont rien d'autre que des noms, tout comme le chatouillement et la titillation sans les aisselles et sans la peau autour du nez [...].

De cette sensation et des choses qui s'y rapportent, je ne prétends comprendre que bien peu de choses ; or, pour expliquer ce peu de choses ou plutôt pour en donner une esquisse sur le papier, il me faudrait beaucoup de temps, c'est pourquoi je le passe sous silence. »

Galilée avait adroitement reconnu son ignorance concernant les bases physiques de la conscience et il avait décidé par conséquent de se limiter à l'étude des qualités primaires des corps, à savoir celles qui sont indépendantes de la conscience de l'observateur. C'est pourquoi nous attribuons souvent à Galilée le mérite d'avoir éliminé la subjectivité de l'étude de la nature en la remplaçant par les mathématiques, la mesure, et donc par l'objectivité. Quelque temps après, on se demanda, c'est le cas par exemple de Berkeley et de Kant, si les qualités objectives ou primaires ne faisaient pas partie elles aussi de la conscience de l'observateur et si, par conséquent, la réalité en tant que telle, la « chose en soi », ne restait pas mystérieuse.

Mais pour le moment, la question posée à Galilée est la suivante : la photodiode a-t-elle comme lui conscience de la lumière et de l'obscurité ? Pense-t-il qu'elle est capable d'avoir une expérience subjective, de *percevoir* les qualités secondaires ? Galilée ne l'envisage pas une seconde. Mais comment peut-il en être aussi sûr ? Demandons-le-lui ! D'après les résultats de l'expérience, ou de l'« épreuve » comme il préfère l'appeler, la photodiode réussit aussi bien si ce n'est mieux à distinguer la lumière de l'obscurité. Bien sûr, réplique Galilée, mais la photodiode est un simple circuit électrique et se limite seulement à changer d'état – « allumé » ou « éteint » – selon l'éclairage. Cela ne suffit certainement pas à en faire une expérience consciente.

Nous lui expliquons alors que nous avons, grâce aux grands progrès des neurosciences, une idée bien plus claire de la manière dont fonctionne le cerveau visuel. Nous savons par exemple qu'il existe, dans la rétine, des récepteurs dont le comportement ressemble fondamentalement à celui de photodiodes hypersensibles malgré les différences de mécanisme. Si nous examinons en détail un de ces photorécepteurs, il ne semble pas beaucoup plus compliqué qu'une photodiode : leurs réponses à la lumière sont quasi similaires. Mais ces récepteurs sont reliés à quelque chose d'autre, à quelque chose de plus « spirituel », rétorque Galilée. En laissant échapper ces mots, Galilée s'aperçoit qu'il s'engage sur une voie dangereuse.

Quand nous lui racontons que les photorécepteurs de la rétine sont reliés à d'autres cellules dites « bipolaires », elles-mêmes rattachées à des cellules dites « ganglionnaires », qui rejoignent d'autres neurones situés dans le noyau géniculé latéral et qui sont à leur tour reliés à des cellules dites « simples » du cortex visuel primaire,

Galilée commence à s'agiter d'impatience. Son impatience est doublement justifiée. D'une part, en tant que physicien et mathématicien, il tolère mal la multitude indéfinie de détails chers aux anatomistes et aux physiologistes[3] – il aime aller droit aux faits. D'autre part, même si nous atteignons le dernier maillon de la chaîne, nous serons toujours face à cette même cellule qui répond de manière différente à la lumière et à l'obscurité – une photodiode magnifiée.

Galilée comprend où nous voulons en venir dès que nous lui annonçons que nous avons récemment découvert dans d'autres parties du cortex visuel des cellules nerveuses dont la capacité à distinguer la lumière de l'obscurité est parfaitement identique à celle d'une photodiode. Ce sont certaines cellules de notre cerveau qui nous permettent de distinguer la lumière de l'obscurité. En théorie, ces cellules ne sont autres que des photodiodes biologiques. Mais pourquoi la photodiode n'aurait-elle pas elle aussi une expérience consciente de la lumière et de l'obscurité si l'être humain en a une suivant le modèle de l'activité des cellules photodiodes ?

Galilée est troublé mais reste sur son intuition : la photodiode ne peut pas avoir conscience de la lumière et de l'obscurité comme l'être humain. Malgré son incapacité à formuler une explication, Galilée est convaincu qu'il en existe une satisfaisante. Un des piliers de la raison, peut-être le pilier principal, est le principe de raison suffisante. Il s'énonce en latin sous la forme suivante : *Nihil est sine ratione cur potius sit quam non sit* – il doit y avoir une raison pour que les choses existent d'une certaine façon et pas d'une autre. Il doit exister, insiste Galilée, des conditions nécessaires et suffisantes pour que l'activité de certaines cellules du cortex visuel entraîne une expérience consciente de la lumière et de l'obscurité, et dont la photodiode ne dispose pas. Mais quelles sont ces conditions nécessaires et suffisantes ?

Voilà donc le premier problème de la conscience.

Le second problème :
Galilée et la chauve-souris

Le second problème consiste à identifier ce qui détermine la nature de chaque expérience consciente. Pourquoi l'expérience consciente de l'obscurité, celles d'un son, d'une saveur, d'une émotion, ou encore la naissance d'une idée sont-elles toutes différentes les unes des autres ? Admettons que nous ayons une solution du premier problème de la conscience. Admettons que nous connaissions les conditions nécessaires et suffisantes pour qu'existe une expérience consciente. Il nous resterait à établir ce qui détermine la différence entre les expériences visuelle, acoustique, gustative, émotive, et ainsi de suite.

Une loi est souvent citée dans les textes anciens de physiologie : la loi des énergies nerveuses spécifiques de Müller. D'après cette loi, l'irritation (entendons par là l'excitation) d'un organe sensoriel produit un type d'expérience consciente précis. Par exemple, que l'œil soit excité par un stimulus naturel – la lumière – ou non naturel – notamment un coup violent –, l'activation des fibres nerveuses partant de la rétine pour rejoindre le cortex produit dans tous les cas une sensation visuelle. Une expression – « voir trente-six chandelles » – exprime la sensation visuelle particulière éprouvée ave ce type de stimulus. De même, un stimulus de pression au niveau de la peau provoque une sensation tactile. Mais si nous stimulons les mêmes fibres nerveuses de façon non naturelle, par exemple avec une décharge électrique, la sensation sera elle aussi tactile.

La loi de Müller n'explique naturellement pas pourquoi la stimulation de fibres optiques produit des sensations visuelles tandis que la stimulation de fibres cutanées produit des sensations tactiles. Mais nous savons aujourd'hui, beaucoup mieux qu'à l'époque de Müller, que les fibres optiques ou cutanées ne sont pas responsables des sensations conscientes. Celles-ci sont engendrées par certaines zones du cortex – visuel ou somato-sensoriel – puis projetées par les fibres de ce dernier à travers les noyaux thalamiques.

Mais savoir que les cellules et les fibres nerveuses du cortex cérébral sont plus importantes que celles de la rétine ou de la peau ne nous est pas d'une grande utilité pour comprendre l'existence des énergies nerveuses spécifiques. Pourquoi l'activité des cellules du cortex visuel devrait engendrer l'expérience visuelle et celle des cellules du cortex somato-sensoriel l'expérience tactile ? Si nous observons ces cellules nerveuses, leur aspect n'a rien de particulier. De même pour les cellules du cortex acoustique, gustatif, etc. Nous remarquons au contraire que toutes ces cellules se ressemblent.

Poursuivons. Après la photodiode et l'électronique, confrontons Galilée à la biologie moderne : il est temps de mettre à jour son savoir en matière de chauves-souris. Nous lui expliquons donc comment, ces dernières années, l'admiration des scientifiques pour les chauves-souris a considérablement grandi. Nous savons désormais qu'elles s'orientent dans l'espace, repèrent les insectes dont elles se nourrissent et évitent les obstacles grâce à une méthode dite de « localisation par écho ». Elles émettent en volant des ultrasons à la fréquence de 5 000 à 120 000 cycles par seconde. Quand les ultrasons rencontrent un insecte, ils rebondissent et l'écho arrive aux oreilles de la chauve-souris. Si on en observe une de près, on remarque immédiatement l'aspect curieux de son museau, ses grandes oreilles et l'excroissance autour de ses narines, c'est-à-dire tout ce qui lui sert à émettre des ultrasons et à en percevoir les échos. Grâce à ces derniers, la chauve-souris réussit dans l'obscurité la plus totale à percevoir l'espace dans lequel elle évolue et la présence d'éventuels objets. Galilée a lui aussi les oreilles grandes ouvertes ; émerveillé, il réalise à quel point la biologie moderne s'est rapprochée de la physique.

Mais quel effet cela fait d'être une chauve-souris ? Voilà le nouveau problème de Galilée. La chauve-souris a-t-elle une image « visuelle » de l'espace et des objets qu'elle rencontre ou s'agit-il d'une image « acoustique » ? Ou bien d'une image « ultra-acoustique » ? La loi de Müller ne dit strictement rien à ce sujet. Ce n'est pas par hasard que le philosophe Thomas Nagel a intitulé un de ses essais *Quel effet ça fait d'être une chauve-souris ?* Nous racontons à Galilée comment Nagel, en posant ce problème, parvient habilement à déduire que l'expérience consciente ne peut pas s'expliquer d'un point de vue scientifique. Les sciences pourront décrire de façon très précise le fonctionnement des organes de la chauve-souris, l'organisation de ses zones cérébrales, les principes physiques de la localisation par échos ; elles pourront peut-être même retracer la séquence entière des événements nerveux, de l'émission des ultrasons au repérage d'un insecte jusqu'aux commandes motrices lui permettant de capturer sa proie. Mais elles ne pourront jamais expliquer l'effet que ça fait d'être une chauve-souris.

Galilée ne se résigne pas pour autant à admettre que le monde de la conscience et celui des événements physiques soient liés de façon purement arbitraire. Si l'on affirme que les cellules du cortex visuel produisent une conscience visuelle d'une manière complètement arbitraire tout comme celles du cortex somato-sensoriel une conscience tactile, on déclare en même temps la banqueroute de la science, ce à quoi Nagel voulait précisément aboutir. Pis encore, c'est la banqueroute de la raison.

Il vaut mieux avoir recours une fois de plus au principe de raison suffisante. *Nihil est sine ratione cur potius sit quam non sit* – il doit y avoir une raison pour que les choses existent d'une certaine façon et pas d'une autre. En d'autres termes, il doit y avoir une raison pour que la conscience visuelle soit produite par l'activité des cellules du cortex visuel, la conscience tactile par l'activité des cellules du cortex somato-sensoriel et pour que l'activité ultrasonique de la chauve-souris produise ce type de conscience particulière qu'elle saurait nous décrire si elle pouvait parler.

D'après ce même principe, il existe forcément une explication du fait que l'activité de certaines cellules nerveuses (par exemple celles du cortex cérébral) soit, contrairement à d'autres (comme celles du cortex cérébelleux), associée à la conscience. Autrement dit, les deux problèmes de la conscience doivent avoir une solution.

Le principe de raison suffisante, le plus rigide de tous les principes en logique comme en éthique, nous impose par conséquent de trouver une solution à ces deux problèmes. Si nous réussissons au cours de ces chapitres à en résoudre ne serait-ce qu'un des deux, nous pourrons nous estimer extrêmement heureux.

CHAPITRE 4

LE GRAND NOMBRE
OU GALILÉE ET LA PHOTODIODE

Galilée a eu le temps de réfléchir au paradoxe de la photodiode. Il continue à affirmer que celle-ci, bien qu'elle soit apte à distinguer parfaitement la lumière de l'obscurité, ne peut avoir l'expérience consciente qu'ont les humains. Tous les arguments examinés par Galilée, aussi plausibles fussent-ils, l'ont laissé insatisfait. Il a écarté certaines idées : ce qui compte par exemple, ce n'est pas d'être constitué de matière biologique. La matière biologique, étant composée de carbone, d'oxygène, d'hydrogène et d'azote, n'est pas intrinsèquement biologique : ce qui compte en effet, c'est l'organisation de ces éléments. Il a appris en outre que de nombreux neurones en activité constante dans notre cerveau ne contribuent en rien à l'expérience consciente. Ces neurones sont pourtant organiques ou biologiques comme ceux du cortex cérébral qui, eux, ont un rôle déterminant dans la production de la conscience. Certes, l'être humain est extrêmement plus compliqué (dans tous les sens du mot) qu'une photodiode, mais deux raisons importantes poussent Galilée à ne pas se contenter d'une telle explication. Avant tout, comme il le sait depuis peu, les éléments du cerveau permettant la distinction entre la lumière et l'obscurité ne sont pas beaucoup plus compliqués qu'une photodiode. Ce qui les entoure est évidemment plus complexe, mais dans quelle mesure cela contribue-t-il à la distinction entre la lumière et l'obscurité ? Galilée sait maintenant que certaines structures biologiques d'une grande complexité – comme le cervelet – n'ont rien à voir avec la conscience.

Mais, étant donné leur capacité commune à distinguer la lumière de l'obscurité, comment expliquer la conscience de l'être humain et l'absence de conscience de la photodiode ? Le problème semble plus clair à Galilée qui ne met pas longtemps à découvrir dans quelle direction se diriger. Nous devons nous demander ce que nous distinguons réellement lors de cette expérience. À première vue, Galilée et la photodiode font la même distinction – celle entre la lumière et l'obscurité. Dit de cette façon, le paradoxe semble insoluble. Mais, en regardant attentivement, la réalité est tout autre.

Quand la photodiode communique « obscurité », elle fait la distinction entre deux états différents : dans un cas, sa résistance est faible et elle devient donc « allumée », dans l'autre, sa résistance est élevée et elle devient « éteinte ». La photodiode n'a bien sûr aucune idée du facteur responsable de ces variations mais cela n'a aucune importance ; elle doit seulement faire son devoir et nous transmettre celles-ci de façon fiable – rien de plus. Même si nous interprétons la distinction faite par la photodiode comme une distinction entre ce qui est pour nous la lumière et l'obscurité, il s'agit juste pour elle de deux états possibles – « allumée » et « éteinte ».

Considérons maintenant la distinction faite par Galilée. Certes, nous lui avons simplement demandé, dans cette expérience de pensée tout du moins, de distinguer la lumière de l'obscurité. Nous sommes habitués – comme Galilée – à considérer ces états comme deux états bien précis, nous pensons donc qu'il s'agit pour lui aussi de faire la distinction entre la lumière et l'obscurité. Mais une simple modification de notre expérience de pensée nous convainc immédiatement que ce n'est pas le cas.

Imaginons en effet qu'à l'insu de Galilée la pièce soit éclairée d'une lumière non plus blanche mais rouge, uniformément rouge. Nous savons parfaitement ce qui se passerait dans ce cas. Galilée, comme chacun d'entre nous, aurait l'expérience consciente d'une pièce uniformément rouge. Il serait probablement surpris – après tout, il était censé faire une distinction entre la lumière et l'obscurité. Qu'attend-on de lui ? Qu'il nous indique une lumière rouge ou qu'il nous signale une erreur ? Laissons de côté l'hésitation de Galilée et attachons-nous à la réaction de la photodiode. Aucune hésitation dans ce cas. Sa résistance sera réduite en fonction de la lumière (la modification de la longueur d'onde ne change pas grand-chose – il s'agit toujours de lumière) et passera par conséquent à l'état « allumé ». La photodiode contrairement à Galilée n'a rien remarqué d'inhabituel. Comment d'ailleurs aurait-elle pu le faire ?

Arrivé à ce point de l'expérience de pensée, Galilée a une illumination. Si la pièce est éclairée d'une lumière rouge, il aura l'expérience consciente d'une pièce uniformémcnt rouge. Si elle est éclairée d'une lumière bleue, il aura l'expérience consciente du bleu. Si la lumière est verte, il aura l'expérience du vert, et ainsi de suite pour le jaune, le rose ou le cramoisi. Mais cela ne s'arrête pas là. Si la pièce était éclairée avec diverses nuances de couleurs, Galilée aurait une expérience consciente différente pour chacune d'elles. La pièce pourrait être éclairée à moitié en rouge et à moitié en vert, ou à moitié en bleu et à moitié en jaune, ou avec de multiples combinaisons de couleurs. À chacune correspondrait une expérience consciente particulière. Si la pièce était éclairée un quart en rouge, un quart en cramoisi, un quart en pourpre et un quart en rose, Galilée aurait une expérience consciente une fois de plus différente. Celle-ci changerait naturellement selon le découpage de la pièce par les éclairages : horizontalement, verticalement ou par des bissectrices obliques d'une certaine inclinaison.

La pièce en outre pourrait contenir un certain nombre d'objets différents, chacun ayant une position, une couleur et une forme particulières. Et chaque objet pourrait être immobile ou en mouvement. Les combinaisons de formes, de couleurs, de positions et de mouvements possibles sont quasi illimitées et Galilée aurait de chacune d'entre elles une expérience consciente différente.

Poursuivons. La pièce pourrait contenir un grand tableau accroché à un mur – n'importe quel tableau peint à l'époque de Galilée, datant d'une époque antérieure, ou même postérieure.

À la place du tableau, il pourrait y avoir une grande fenêtre centrale. Et à travers la fenêtre, pense alors Galilée, pourrait apparaître n'importe quel paysage imaginable, un coin précis de la Toscane, une certaine rue de Padoue, un monument de Rome. Galilée aurait de chacun de ces paysages une expérience consciente particulière.

La pièce pourrait en outre avoir une porte et sur le seuil de celle-ci apparaîtrait une silhouette humaine, vêtue de n'importe quelle façon. De chacune de ces silhouettes, de chaque manière dont elle serait vêtue, Galilée aurait une expérience consciente différente. Et enfin – Galilée commence à éprouver une légère sensation de vertige à la pensée du nombre de cas possibles – chacune de ces silhouettes humaines pourrait commencer à parler, d'une voix différente. Il aurait une expérience consciente personnalisée de chacune de ces voix. Et la silhouette pourrait prononcer n'importe quelle phrase parmi les innombrables phrases possibles. De chaque phrase possible, multipliée par chaque personne possible pouvant la prononcer, multipliée par le nombre d'intonations possibles avec lesquelles la phrase peut être prononcée, multiplié par le nombre de façons différentes dont la personne peut être vêtue, multiplié par le nombre de paysages possibles que l'on aperçoit derrière la silhouette humaine, multiplié par le nombre de tableaux possibles accrochés au mur, de chacun de ces états possibles, et de beaucoup d'autres encore, Galilée aurait une expérience consciente différente.

Et la photodiode ? Elle continuerait, face à cette incomparable richesse de possibilités, à communiquer un état ou l'autre – « allumé » ou « éteint ».

Tout devient parfaitement clair pour Galilée. Quand lui et la photodiode indiquent « obscurité », les choses sont totalement différentes. Indépendamment de la façon dont nous voulons appeler ces deux états – appelons-les en effet 1 et 2 –, l'état 1 pour la photodiode (« éteint ») est un des deux seuls états possibles. Mais, pour Galilée, l'état 1 (« obscurité ») représente un des milliards de milliards d'états possibles. De même pour l'état 2 (« lumière »). Galilée est capable d'en distinguer des tas d'autres. Très clairement, ce dernier n'effectue pas en réalité une distinction entre la lumière et l'obscurité mais plutôt entre l'obscurité, la lumière, le rouge, le bleu, tous les types de couleurs, d'objets, de tableaux, de paysages, ou entre n'importe quelle combinaison de saveurs, d'odeurs, d'émotions, de pensées, ou encore entre n'importe quel souvenir, espoir, ou désir, etc.

Galilée comprend alors que, pour la photodiode, « obscurité » s'oppose à un seul autre état possible (état 2) tandis que, pour lui, cet état s'oppose à un nombre infini et inconcevable d'autres possibilités (états 2, 3, 4, 5...). Il commence désormais à pouvoir expliquer son intuition (l'homme, contrairement à la photodiode, est conscient de la lumière et de l'obscurité) de façon rationnelle. Tout devient plus clair une fois que l'on a compris que la distinction faite par la photodiode est nettement inférieure en ordre de grandeur à celle effectuée par Galilée. Nous pouvons donc penser de façon tout à fait plausible que cette capacité de distinction nettement plus grande est à la base de cette opposition entre Galilée et la photodiode en matière de conscience[1]. Galilée décide de noter sa première conclusion : « L'expérience consciente est différenciée : le répertoire potentiel d'états de conscience différents est extrêmement vaste. Cela signifie que le substrat de la conscience doit avoir à sa disposition un répertoire potentiel d'états différents tout aussi important. »

CHAPITRE 5

L'UNITÉ

OU GALILÉE ET LA CAMÉRA

Il est temps d'offrir à Galilée une récompense qui le laissera plein d'étonnement et d'admiration. Nous avons décidé de lui montrer un nouvel instrument qui ne manquera pas de susciter son enthousiasme. Il s'agit d'une caméra – une caméra de poche à haute résolution. Nous lui proposons en même temps une série d'appareils en rapport avec celle-ci. Nous lui montrons donc l'écran, sur lequel sont projetées des centaines d'images prises par la caméra. Puis nous lui expliquons comment ces images peuvent être transmises à longue distance par la radio, par l'intermédiaire de satellites, pour être projetées sur un autre écran de télévision se trouvant à des milliers de kilomètres. Nous lui indiquons ensuite le vidéo-enregistreur dans lequel ces mêmes images peuvent être facilement emmagasinées pour être projetées à nouveau quand on le veut.

Galilée est stupéfait et émerveillé. Il lui faut bien sûr du temps pour se remettre de son indigestion de nouveautés et des conséquences de son enthousiasme juvénile avec lequel il a sauté sur la caméra pour l'expérimenter. Rien d'étonnant non plus qu'il lui faille beaucoup de temps pour assimiler combien notre horizon s'est élargi depuis quatre siècles. Tout cela provoque chez lui un rare sursaut d'humilité. Il n'aurait jamais pu le concevoir. Et pourtant, tout en sachant qu'il n'aurait jamais pu imaginer la caméra, le téléviseur, le vidéo-enregistreur, la transmission par radio, l'électronique, les techniques digitales, ni les milliers d'autres inventions, il a la certitude (son orgueil est revenu de façon assez préoccupante) d'avoir fait le premier pas. Il ne pouvait évidemment pas imaginer toutes ces découvertes ou inventions, mais il avait pressenti qu'il y avait suffisamment de choses à découvrir et à inventer pour remplir les siècles à venir.

Avant de revenir à la charge avec nos expériences imaginaires, nous attendons qu'il reprenne sa contenance et soit en mesure de se livrer à des spéculations plus académiques. Pour changer un peu, notre nouvelle expérience de pensée – Galilée et la caméra – ne fait plus intervenir une seule photodiode mais un million de photodiodes. La caméra présentée à Galilée est en effet une caméra particulière. L'élément sensible est constitué d'un million de photodiodes disposées régulièrement sur une grille derrière la lentille. Comme précédemment, chacune d'elles répond aux variations de l'intensité lumineuse par sa résistance électrique et continue donc à être allumée ou éteinte, mais maintenant elles sont beaucoup plus nombreuses.

La question posée à Galilée est une fois de plus très simple. Il a compris que la capacité de faire des distinctions entre un nombre quasi infini d'états différents était une caractéristique fondamentale de la conscience. D'après ses conclusions, la différence majeure entre la distinction lumière-obscurité de la photodiode et celle de l'être humain consiste dans le fait que la photodiode peut seulement distinguer deux états différents tandis que l'être humain peut en distinguer des milliards, dont un état de « lumière » et un autre d'« obscurité ».

Voyons maintenant la caméra. Galilée le sait très bien, chaque photodiode située sur la grille du senseur répond de façon précise à la présence de lumière ou d'obscurité dans sa petite portion d'espace. Il y a sur la grille du senseur un million de photodiodes. Celui-ci par conséquent peut répondre différemment à des milliards de scènes : il suffit de braquer la caméra sur une scène particulière – différents visages, paysages, etc. – pour avoir une combinaison différente de photodiodes « allumées » et de photodiodes « éteintes ». Si nous considérons que chacune d'elles peut répondre par un des deux états, le senseur de la caméra répondra distinctivement à $2^{1\,000\,000}$ états différents. Le nombre d'étoiles dans l'univers ou de grains de sable dans la mer semble soudain ridiculement petit. Même le nombre pourtant très vaste d'états de conscience dont Galilée peut faire preuve semble dépassé. La question posée à ce dernier est donc la suivante : la caméra est-elle consciente comme l'être humain ? L'est-elle même davantage ?

Galilée est embarrassé et perplexe. Il pensait avoir trouvé une différence fondamentale entre l'être humain et la photodiode pouvant justifier la conscience de l'un et l'absence de conscience de l'autre. Et voilà qu'il suffit apparemment de multiplier le nombre de photodiodes, jusqu'à en avoir par exemple un million bien ordonné sur une grille, pour que le senseur d'une caméra soit capable de distinguer un nombre d'états différents assez proche de celui attribué à l'être humain. Galilée demande une pause et la permission de réfléchir. Il s'en va seul et pensif se replonger dans les textes les plus anciens pour y trouver l'inspiration.

Concentré sur ses lectures, il raisonne lentement. Mais son intuition ne tarde pas à lui venir en aide. Il se souvient en effet d'un bref traité publié quelques années avant sa naissance par un philosophe, médecin et mathématicien de Pavie, nommé Jérôme Cardan. Galilée connaît bien les écrits mathématiques de Cardan – ce dernier avait systématisé l'algèbre et contribué énormément à son développement ; de façon très originale, il avait été le véritable pionnier du calcul de probabilités. Soudainement accusé d'hérésie et condamné à plusieurs mois de prison, il avait fini par abjurer en privé, ce qui ne l'avait pas préservé d'être interdit de publication et de perdre sa chaire prestigieuse. Mais le petit traité suscitant l'intérêt de Galilée est d'ordre philosophique ; il est intitulé *De Uno*. Dans ce traité, Cardan soutient que l'unité est la seule caractéristique de l'être humain – ses différentes parties agissent entre elles et coopèrent pour en remplir les fonctions et en assurer la survie. De même pour les divers organes intérieurs – chacun d'eux constitue une unité. Mais en est-il de même pour une caméra ? Peut-on considérer l'unité comme l'élément qui permet de différencier un cerveau d'un ensemble de photodiodes ?

Cardan était certainement brillant mais il voyait l'unité un peu partout. Rappelons à Galilée que, parfois, il peut s'avérer utile de jeter un coup d'œil au-delà des Alpes.

Nous lui soufflons le nom de Kant, philosophe allemand dont le principal sujet de réflexion fut l'unité de la conscience, qu'il appelait d'ailleurs « l'unité transcendantale de l'aperception ». Galilée essaye donc de lire ses écrits et souligne quelques extraits de la *Critique de la raison pure* :

« [...] Comme chaque représentation, dans la mesure où elle est contenue dans un seul moment, ne peut constituer qu'une unité absolue. [...] Il ne peut y avoir en nous aucune modalité de connaissance [...] sans cette unité de la conscience qui précède toutes les intuitions et grâce à laquelle uniquement la représentation des objets est possible. J'appellerai cette conscience pure, originale et immuable, aperception transcendantale. Car même l'unité objective la plus pure, celle des concepts *a priori* (l'espace et le temps) n'est possible que par la relation de ces intuitions à cette unité de la conscience. [...] Cette unité transcendantale de l'aperception forme, d'après certaines règles, une connexion de ces représentations à partir de toutes les apparences possibles pouvant coexister dans une seule expérience. Car cette unité de la conscience serait impossible si l'esprit ayant connaissance de leur ensemble ne pouvait devenir conscient de l'identité de la fonction par laquelle elle la combine synthétiquement en une seule connaissance [...][1]. »

Arrivé à ce point, Galilée, exaspéré et rendu impatient par ce style obscur et étouffant, envoie Kant promener. Il lui semble pourtant comprendre que ce dernier, dans le brouillard épais de sa syntaxe rocailleuse, cherche à formuler quelque chose de profondément sensé et juste. Mais Galilée n'aime pas les philosophes. Pourquoi doivent-ils toujours s'efforcer de sécréter des élucubrations obscures au lieu de griffonner de simples équations ? Pourquoi créer des systèmes et non pas concevoir des expériences ? D'après lui, les philosophes ayant l'habitude de se soustraire aux expériences réelles finissent par devenir stériles au point très vite de ne plus pouvoir en faire, même de façon imaginaire. Et, pour répondre à la question posée, un minimum d'imagination est vraiment nécessaire.

Galilée, en bon savant, procède donc comme suit. Si l'on coupait en deux, à l'aide d'une lame très fine et tranchante, le senseur de la caméra de sorte que cinq cent mille photodiodes restent à gauche et cinq cent mille à droite, qu'arriverait-il à la caméra ? D'après ce qu'il a compris, et à juste titre, cela ne changerait strictement rien. Elle continuerait à fonctionner comme avant, en captant les images avec son million de photodiodes, et les transmettrait intactes à bon port.

Mais si, à l'aide d'une lame très fine et tranchante on coupait le cerveau en deux, qu'arriverait-il à l'expérience consciente d'un être humain ? La même chose qu'à la caméra, c'est-à-dire absolument rien ? Si l'on coupait en deux une rétine, ressemblant après tout à une caméra très sophistiquée, il n'arriverait peut-être pas grand-chose. Mais concernant les zones visuelles du cortex cérébral ? Galilée garderait-il une expérience consciente du champ visuel entier, absolument intact ? Ne s'apercevrait-il de rien ? Cela lui paraissait insoutenable. Mais il faudrait tenter l'expérience.

Toutefois, même sans expérience, à bien réfléchir, les choses ne pourraient évidemment pas se passer ainsi. Car, si c'était le cas, il pourrait en découler des conséquences manifestement absurdes. Galilée imagine en effet un scientifique en train d'observer le ciel étoilé à Padoue et, exactement au même moment, un collègue le faire aux antipodes. S'il en était ainsi, continue Galilée, pourquoi ne pourrait-on pas avoir une seule et unique expérience consciente capable de contempler en une seule image la totalité de la voûte céleste, boréale et australe en même temps ? On pourrait donner naissance *ad infinitum* à des super-savants possédant l'expérience consciente réunie de deux savants normaux et pourquoi pas de trois, dix ou cent mille ? Tout cela est manifestement absurde, conclut Galilée. La distance n'est absolument pas un obstacle. Que les deux scientifiques soient séparés par le diamètre de la Terre ou par un centième de millimètre ne fait aucune différence, pas plus que pour les deux parties du senseur de la caméra. Dans les deux cas, les deux parties ne communiquent pas entre elles et la distance les séparant est par conséquent insignifiante. Si les deux hommes ne peuvent pas communiquer, l'un ne peut absolument pas savoir ce que l'autre est en train d'observer de sorte qu'il est impossible qu'une expérience consciente de leurs observations se forme de façon conjointe.

Qu'arriverait-il alors à l'expérience consciente si l'on séparait le cerveau en deux parties, droite et gauche ? Galilée reste perplexe. Le résultat serait surprenant. On obtiendrait deux Galilée, l'un conscient de la partie droite du champ visuel et l'autre de la partie gauche. Chacun des deux serait un peu diminué par rapport au Galilée d'origine mais chacun aurait sa propre conscience. Cela demanderait à être vérifié mais, d'après Galilée, on obtiendrait ce genre de résultats.

Un fascicule d'une revue scientifique lui donne alors satisfaction. Dans la revue – Galilée n'en croit pas ses yeux –

sont décrits les résultats de l'opération imaginée, faite sur le cerveau de patients atteints d'une forme grave d'épilepsie. N'ayant d'autres possibilités, les neurochirurgiens avaient dû recourir à une section – à l'aide d'une lame très fine et tranchante – des deux hémisphères du cerveau afin de séparer les zones droite et gauche, non seulement pour la vue, pour les sensations tactiles mais aussi pour beaucoup d'autres fonctions. C'est ce qu'on appelle le « cerveau divisé ».

L'opération, lit Galilée, consiste à couper en deux plus de deux cents millions de fibres nerveuses reliant les deux hémisphères. Incroyable mais vrai, les conséquences ne sont pas dévastatrices du tout. Un certain temps après l'opération, les patients peuvent reprendre leurs activités normalement, sans trop de problèmes, et l'épilepsie est nettement réduite. Un médecin ou un psychologue ne trouverait absolument rien d'anormal en les examinant.

Et pourtant, ces patients ont désormais deux expériences conscientes distinctes. Le château du cerveau a été séparé en deux ailes, l'hémisphère droit et l'hémisphère gauche, chacun ayant un propriétaire différent. Le propriétaire de l'hémisphère gauche peut parler, celui de droite peut reconnaître des mots isolés mais en général il ne parle pas[2]. Et l'hémisphère gauche, bien que loquace, n'a pas conscience de ce que son jumeau vient de voir, de toucher ou d'exécuter. Chacun d'eux a ses propres sensations, ses propres pensées et souvenirs, et même sa propre conscience de soi, tout cela restant inaccessible à l'hémisphère jumeau[3].

Si nous examinons les deux hémisphères jumeaux en laboratoire, que nous prenions soin de faire parvenir certains signaux seulement à l'un des deux, en obligeant par exemple le patient à toucher un objet d'une seule main sans pouvoir le voir, nous pourrions facilement démontrer que le propriétaire de cet hémisphère est tout à fait conscient de l'objet à peine touché, contrairement à son jumeau resté dans l'ignorance la plus totale. Nous observons la même chose quand des images sont projetées seulement sur une moitié du champ visuel ou quand nous faisons sentir des odeurs à une seule narine. Dans tous ces cas, il apparaît clairement que les deux hémisphères abritent un sujet conscient : l'un parle et l'autre est quasi muet mais indiscutablement conscient. Galilée lit :

« Tout ce que nous avons observé au cours de plusieurs travaux, effectués pendant de nombreuses années, renforce la conclusion que l'hémisphère muet a une expérience intérieure à peu près du même ordre que l'hémisphère qui parle. [...] Il est clair que l'hémisphère droit a des perceptions, il pense, apprend et se souvient, de manière tout humaine. Il est capable aussi de raisonner de manière non verbale, de prendre des décisions cognitives sérieuses et d'accomplir volontairement des actions. Il sait en outre émettre des réponses émotives typiquement humaines [...]. »

Et parfois, quand par exemple l'hémisphère gauche, loquace et sans cesse jacassant, fournit une mauvaise réponse, on peut remarquer à travers un hochement de tête ou une crispation du visage, le signe de désapprobation de son sosie sage et muet.

Galilée continue sa lecture et trouve sa question formulée de façon claire et sans équivoque ainsi que la réponse, tout aussi claire, découlant des expériences :

« Y a-t-il vraiment dans le cerveau divisé deux esprits conscients de façon séparée, deux moi coconscients sur tous les plans et partageant un seul et même crâne ? » Et, plus loin, cette conclusion : « En résumé, la coupe des connexions interhémisphériques semble diviser non seulement le cerveau mais aussi l'esprit [...]. La division du cerveau produit deux consciences ou moi conscients dans un seul crâne[4]. »

L'esprit de Galilée déborde de nouvelles questions. Que se passerait-il si, au lieu de couper le cerveau en longueur entre les deux hémisphères, on le coupait en largeur, de gauche à droite ? Et que se passerait-il si on le coupait en quatre, en huit ou en cent parties ? Si l'on s'en tient aux expériences de cerveaux divisés, les conséquences seraient cette fois-ci dévastatrices. Une coupe traversant le cortex cérébral réduirait la conscience en morceaux[5].

Telles sont les réflexions de Galilée. Il est temps pour lui désormais de répondre et il ne nous déçoit pas. Il annonce avec un certain embarras que seule une personne ingénue aurait pu être effrayée par la caméra, face à la perspective que le senseur de celle-ci soit conscient comme un être humain.

L'essentiel est de trouver la bonne approche. Nous lui avions demandé, évidemment pour le fourvoyer, de considérer un senseur composé d'un million de photodiodes ayant à leur portée des milliards d'états différents. Au début, concède Galilée, il était naïvement tombé dans le piège en considérant le senseur de la caméra comme une unité – le senseur est à juste titre une seule entité fonctionnelle pour ceux qui l'utilisent : nous pouvons en effet, grâce à celui-ci, capter et reproduire sur un écran des milliards d'états différents, que nous-mêmes, consciemment, sommes capables de distinguer.

Mais c'est là justement une mauvaise approche. Le senseur – se ravise Galilée – est une unité uniquement aux yeux de celui qui observe. Or Galilée est reconnu pour avoir introduit la mathématisation de la nature, en supprimant toute subjectivité de la description du monde physique. Conscient de sa renommée, il rougit presque de ne pas y avoir pensé plus tôt. Une fois de plus, il convient de supprimer l'observateur. Nous devons examiner le senseur en tant que tel, sans nous laisser berner par une quelconque subjectivité.

Si nous supprimons l'observateur, il n'y a aucune raison de considérer un million de photodiodes comme une seule entité. Chacune d'elles répond à la lumière de façon totalement indépendante puisqu'il n'y a pas, et qu'il ne peut y avoir, d'interaction causale entre elles. Quoi qu'il arrive à la première photodiode, cela ne change rien pour la deuxième, ni pour la troisième, ni pour la millionième. C'est pourquoi il est complètement arbitraire de considérer les états disponibles à un ensemble de photodiodes en tant que tel : ce dernier n'est pas un ensemble causal mais une abstraction de l'esprit venant d'un observateur extérieur. Il semble beaucoup plus approprié, au contraire, de considérer séparément un million de photodiodes, chacune capable de distinguer deux états différents. Et il y a une grande différence entre une seule entité ayant des milliards d'états et un million d'entités isolées ayant deux états chacune.

Si nous revenons au problème de l'expérience consciente, nous pouvons constater que le paradoxe a disparu. L'objet de comparaison ne se situe pas en réalité entre le répertoire d'états du cerveau et celui de la caméra. Le million de photodiodes sur la grille du senseur n'étant pas un ensemble intégré, nous devons considérer le répertoire d'états de chaque photodiode isolée et non pas celui de l'ensemble. Au contraire, le cerveau de Galilée apparaît comme un ensemble intégré : ses parties agissent entre elles de façon causale et si on le coupait en tous petits morceaux, ne contenant qu'un neurone, l'unité disparaîtrait et le cerveau ne fonctionnerait plus, même si nous pouvions maintenir en vie chaque neurone isolé. Dans un système intégré, tout ce qui arrive à la moindre partie de celui-ci se répercute sur les autres parties.

La réponse à notre question est désormais très claire. D'après les conclusions de Galilée, une photodiode peut avoir une lueur de conscience, mais celle-ci sera minime face à celle de l'être humain étant donné son répertoire de deux états possibles face à celui des milliards d'états possibles du cerveau. Nous pouvons considérer une photodiode ou un million de photodiodes, cela ne changera strictement rien. De la même façon, un milliard de Chinois n'apporteront rien de plus que deux scientifiques observant la voûte céleste aux antipodes. Ce qui compte pour la conscience, c'est uniquement le nombre d'états pouvant être distingués par un système intégré. Galilée écrit donc : « 2. L'expérience consciente est intégrée : chaque état de conscience apparaît comme une seule entité. Cela signifie que le substrat de la conscience doit lui aussi constituer une entité intégrée. »

En relisant ses lignes précédentes, Galilée décide de condenser la conclusion 1 et la conclusion 2 dans la thèse suivante : « Le substrat de la conscience doit être une entité intégrée capable de distinguer un nombre extrêmement grand d'états différents. »

Galilée est désormais prêt pour la deuxième leçon.

Mesurer
la conscience

Nous avons souvent eu recours lors de la première leçon à des expériences de pensée afin de caractériser les propriétés fondamentales de la conscience : Galilée et la photodiode nous ont fait comprendre que l'expérience consciente est différenciée ; Galilée et la caméra nous ont permis de démontrer que l'expérience consciente est intégrée. Le substrat physique, quel qu'il soit, doit pouvoir rendre compte de ces propriétés. Nous en avons par conséquent tiré une conclusion importante : « Le substrat de la conscience doit être une entité intégrée capable de distinguer un nombre extrêmement grand d'états différents. »

Notre intuition peut s'appuyer sur ces expériences de pensée et leurs conclusions. Mais si nous nous limitions à formuler nos intuitions en ces termes, nous ne pourrions tirer profit d'une des leçons les plus importantes de toute l'histoire de la science. La citation la plus connue de toute l'œuvre de Galilée se trouve dans *L'Essayeur*, publié en 1623. C'est dans ce chef-d'œuvre de la littérature scientifique, débordant de morceaux mordants et ironiques, que Galilée dévoile son *credo* :

« La philosophie est écrite dans cet immense livre qui se tient toujours ouvert devant nos yeux (je veux dire l'univers), mais on ne peut le comprendre si l'on ne s'applique d'abord à en comprendre la langue et à connaître les caractères avec lesquels il est écrit. Il est écrit dans la langue mathématique et ses caractères sont des triangles, des cercles et autres figures géométriques, sans lesquels il est humainement impossible d'en comprendre un mot. Sans eux, c'est une errance vaine dans un labyrinthe obscur.

Il est nécessaire, pour parvenir à une véritable théorie scientifique de la conscience, de traduire nos intuitions en termes mathématiques. Ce sera la seule façon pour nous de définir précisément les concepts dont nous avons une notion intuitive. Ce sera la seule façon de les rendre opératoires et de développer une théorie de la conscience. Heureusement, les mathématiques nécessaires pour traduire et préciser nos intuitions ne constituent pas une montagne infranchissable. Et l'essentiel, Galilée le sait bien, c'est de savoir où l'on veut en venir.

CHAPITRE 6

LE RÉPERTOIRE :
MESURER LES POSSIBILITÉS

Nous n'aurons aucune difficulté, tout du moins pour cette leçon, à énoncer notre objectif : nous voulons arriver à une mesure précise de la grandeur du répertoire d'états différents qu'un système peut distinguer, à condition que ce système constitue une entité intégrée. Il est temps pour l'obtenir de quitter les champs humides de rosée de la phénoménologie pour pénétrer dans le désert aride de la théorie. La traversée du désert est nécessaire si nous voulons atteindre notre but – une théorie scientifique de la conscience.

Quel chemin devons-nous suivre ? Sans chercher à être trop rigoureux, commençons par un exemple très simple. Imaginons que nous lancions une pièce de monnaie. Si la pièce n'est pas truquée, elle aura une chance sur deux de tomber sur le côté face, soit $p(\text{face}) = 1/2$ et une chance sur deux de tomber sur le côté pile, soit p(pile) = 1/2. Les événements ou états possibles sont donc au nombre de deux et ont la même probabilité. Ces deux événements équiprobables constituent la totalité du répertoire d'états dont dispose la pièce.

Imaginons maintenant que nous lancions un dé, lui aussi non truqué. L'événement 1 aura, dans ce cas, une probabilité égale à un sixième, tout comme les cinq autres événements possibles (2, 3, 4, 5, 6). Ainsi $p(1) = p(2) = p(3) = p(4) = p(5) = p(6) = 1/6$. Les événements ou états possibles au nombre de six sont équiprobables. Le répertoire d'états possibles est donc plus grand pour le dé que pour la pièce de monnaie : six possibilités dans le cas du dé contre deux dans celui de la pièce.

Considérons enfin un cas un peu plus compliqué. Imaginons que le dé soit truqué et que l'événement 1 ait une probabilité plus grande que les autres, par exemple $p(1) = 1/2$, tandis que $p(2) = p(3) = p(4) = p(5) = p(6) = 1/10$. Dans ce cas, le répertoire d'événements possibles est moins différencié dans la mesure où, même si les six événements restent possibles, l'un d'eux est beaucoup plus probable que les autres. La grandeur du répertoire, ou mieux son degré de différenciation, dépend donc non seulement du nombre mais aussi de la probabilité des événements possibles.

Comment mesurer le répertoire de possibilités de la pièce ou du dé, ou, en d'autres termes, notre « incertitude » sur l'issue du lancer ? Ce problème fut posé au Moyen Âge par certains mathématiciens qu'intéressaient les jeux de hasard et plus particulièrement le lancer de dés. Il fut étudié de manière systématique au XVIe siècle, notamment par le mathématicien Jérôme Cardan dont nous avons déjà parlé, et déboucha sur la théorie des probabilités. Au XVIIIe siècle, le mathématicien anglais d'origine française Abraham de Moivre introduisit dans un traité sur la théorie des jeux de hasard une méthode pour évaluer l'« incertitude moyenne » ; des siècles plus tard, celle-ci fut réintroduite par Claude Shannon comme mesure fondamentale de la théorie de la communication puis de la théorie de l'information.

Entropie

Au début de *La théorie mathématique de la communication*, publiée en 1949 en collaboration avec Weaver, Shannon considère une situation semblable au lancer répété d'une pièce de monnaie ou d'un dé[1]. Supposons un ensemble de n événements possibles, chacun ayant une probabilité $p1$, $p2$, ..., pn. Peut-on trouver la mesure exacte de la grandeur du répertoire ?

La mesure proposée par Shannon – semblable à celle de De Moivre – est formellement identique à la fonction entropie introduite en mécanique statistique par Boltzmann, puis élaborée en thermodynamique par Gibbs, pour mesurer le nombre de microétats possibles d'un système physique. C'est d'ailleurs pour cette raison que Shannon en conserva le nom (« entropie »). La formule employée par Shannon est la suivante :

$$\mathrm{H(X)} = -\sum_{m-1}^{M} p_m \log_2 p_m \qquad [1]$$

où X est un système composé d'un ensemble d'éléments $\{x_i\}$ et le système peut avoir un nombre important d'états différents $m = 1\dots$ M. Chaque état a une probabilité p_m et la somme de leur probabilité est égale à 1. Les valeurs des probabilités pour chaque état du système constituent la *distribution de probabilités*. L'unité de mesure pour l'entropie de Shannon est le *bit* ; 1 bit correspond au choix entre deux événements possibles de même probabilité.

Pour de nombreuses raisons, l'entropie H est une excellente mesure du niveau de différenciation d'un système ; ces raisons peuvent parfaitement être justifiées. Nous pouvons en effet observer que la fonction entropie produit une valeur plus élevée quand le répertoire des possibilités[2] s'accroît. L'entropie est par exemple égale à 1 bit pour une pièce de monnaie dont le lancer a deux issues possibles et équiprobables, mais elle est égale à 2,58 bits pour un dé ayant six issues équiprobables[3]. Quand nous sommes face à des événements qui ne sont pas équiprobables et que le répertoire se trouve par conséquent réduit, l'entropie diminue d'autant : elle descend par exemple à 2,16 bits dans le cas d'un dé truqué[4]. Nous disposons donc d'une quantité – l'entropie d'une distribution de probabilités – nous permettant d'évaluer la grandeur du répertoire d'états possibles d'un système.

Information effective

Armés de l'entropie, nous pouvons désormais *examiner* précisément le répertoire des états dont dispose la photodiode et celui dont dispose Galilée. Si nous avions observé la distribution de probabilités des états de la photodiode lors de l'expérience de pensée initiale, quand la pièce passait alternativement de la lumière à l'obscurité, nous aurions conclu que le système « photodiode » occupait une fois sur deux l'état « allumé » et une fois sur deux l'état « éteint », ou p(allumé) = p(éteint) = 1/2. L'entropie de la photodiode aurait par conséquent été égale à 1 bit, exactement comme pour la pièce de monnaie. Concernant le système « Galilée », nous aurions obtenu une distribution d'états identique : un état décrit comme « lumière » et un autre comme « obscurité », avec p(lumière) = p(obscurité) = 1/2. Lors de cette expérience initiale l'entropie pour Galilée aurait aussi été égale à 1 bit.

Pourtant, comme nous l'avons vu lors de la première leçon, nous observons une différence cruciale entre Galilée et la photodiode si nous considérons, non pas leurs réponses respectives aux deux entrées « lumière » et « obscurité », mais leurs réponses éventuelles à d'autres entrées possibles. La photodiode continuerait à signaler seulement deux états – « allumé » et « éteint » – indépendamment de ce qui pourrait arriver dans la pièce – qu'elle soit éclairée par une lumière rouge, verte ou bleue, qu'une fenêtre soit ouverte sur un paysage toscan ou qu'une porte soit entrouverte et laisse apparaître un personnage célèbre. Galilée au contraire répondrait différemment à chacune de ces éventualités tout comme à des milliards d'éventualités différentes. Chacune de ces entrées produirait chez lui une expérience consciente particulière, vraisemblablement liée à un état différent de son cerveau, et qu'il pourrait nous communiquer.

Nous devons évidemment préciser la façon dont nous pourrions évaluer ce répertoire avec la fonction entropie, en dépassant les deux seules conditions proposées par la première expérience – lumière et obscurité. En effet, nous devons prendre en considération le répertoire des réponses observées en employant un grand nombre d'entrées différentes. Mieux encore, nous devrons employer *toutes les entrées possibles* car c'est seulement de cette façon que nous pourrons avoir la certitude d'avoir identifié l'intégralité des réponses possibles au système en question. Nous cherchons donc à mesurer le nombre d'états pouvant être produits chez le récepteur – la photodiode ou Galilée – en considérant toutes les entrées possibles.

Soyons plus précis. Appelons A l'ensemble des capteurs, ou l'interface entre le système en question et le monde extérieur. Dans le cas de la photodiode, A sera la résistance sensible à la lumière ; dans le cas de Galilée, A sera la rétine avec son million de cellules ganglionnaires transmettant les signaux visuels au cerveau[5]. Appelons B le système, que ce soit la photodiode ou le cerveau de Galilée.

Pour mesurer la grandeur du répertoire de B, nous aurons besoin de la fonction entropie. Nous voulons donc mesurer l'entropie de B en réponse à toutes les entrées possibles venant de A. Nous appellerons cette quantité, pour des raisons que nous évoquerons par la suite, *information effective* entre A et B. En symbole :

$$EI(A \rightarrow B) = H(B) \mid A^{pert} \qquad [2]$$

Le signe $\mid$ signifie « à condition que », où la condition est A^{pert}. A^{pert} indique qu'il faut perturber les sorties de A de toutes les façons possibles[6]. Nous obtiendrons ainsi une distribution particulière de probabilités des états de B à partir de laquelle nous pourrons finalement calculer l'entropie induite en B d'après l'équation 1.

Examinons le sens de cette expression à travers les exemples précédents. Indépendamment de ce qui se passe dans la pièce, la résistance de la photodiode peut fournir seulement deux entrées (résistance faible ou résistance élevée). Si la photodiode fonctionne bien, on aura pour chaque entrée une réponse différente : elle sera en effet allumée ou éteinte et ces deux états auront la même probabilité. Le répertoire des réponses possibles (deux équiprobables) a donc une entropie égale à 1 bit[7].

La rétine de Galilée, au contraire, peut fournir au cerveau un nombre immense d'entrées différentes selon ce qui se passe dans la pièce. Les expériences de pensée nous permettent de ne pas tenir compte des aspects pratiques, et c'est une chance, car il est difficile d'évaluer la réponse à toutes les entrées possibles. Mais en réalité, pour calculer la formule ci-dessus, nous pouvons ignorer sans aucun problème ce qui se passe dans la pièce. Il nous suffit de connaître le nombre d'entrées possibles allant de la rétine au cerveau de Galilée, que ce soit celles qui sont produites par ce qui se passe dans la pièce ou celles qui sont obtenues en perturbant artificiellement la rétine. Si l'on admet, pour simplifier, que le million de cellules ganglionnaires de la rétine peuvent être allumées ou éteintes, le nombre d'entrées différentes pouvant être envoyées au cerveau de Galilée est gigantesque : $2^{1\,000\,000}$.

Si nous pouvions d'une façon ou d'une autre perturber cette rétine d'autant de façons différentes (de même probabilité), nous pourrions alors observer la distribution de probabilités des réponses de Galilée. Nous savons déjà que celui-ci émettrait des réponses différentes pour un très grand nombre d'entrées et que nous aurions systématiquement une expérience consciente particulière qu'il pourrait nous communiquer verbalement[8]. Imaginons que ces différentes réponses possibles s'élèvent au nombre de $2^{100\,000}$, cela correspondrait à 100 000 bits d'information effective. L'entropie des réponses possibles de Galilée est donc immensément plus grande que celle de la photodiode.

Nous devons toutefois remarquer que Galilée ne peut pas répondre de manière personnalisée à toutes les entrées possibles venant de la rétine. Même si nous pouvons différencier un très grand nombre d'images, beaucoup d'entre elles produisent des expériences conscientes impossibles à distinguer. Quand nous regardons un programme télévisé, notre rétine reflète de manière plutôt fidèle ce qui, point par point, apparaît sur l'écran. Nous avons une expérience consciente particulière de chacune des images projetées. Mais imaginons maintenant que les images transmises par le téléviseur soient brouillées. Un nombre immense de configurations différentes se produit successivement sur l'écran et par conséquent sur notre rétine. Chaque configuration dans ses détails diffère de la précédente (même s'il y a toujours en moyenne 50 % de petits points blancs et 50 % de petits points noirs, un petit point qui était noir sur une image devient blanc sur une autre). Pourtant, l'expérience consciente résultante est toujours la même : une confusion de petits points blancs et noirs répartis sur l'écran d'une manière apparemment aléatoire – le brouillage typique d'un téléviseur en dysfonctionnement. La même expérience consciente correspond ainsi à un grand nombre d'entrées différentes ; le répertoire est par conséquent réduit. Ainsi, tout en étant élevée, l'entropie de nos réponses sera toujours plus petite que la plus grande des entropies possibles (< 1 000 000 de bits).

Pour s'appliquer de manière générale, l'expression de l'information effective doit être un peu plus précise. L'expression complète sera en effet :

$$EI(A \rightarrow B) = \; < H(B) \mid A^{\text{pert}} >_B \; - \; < H(B) \mid A^{\text{fixé}} >_{B,A} \quad [3]$$

Deux modifications sont repérables par rapport à l'expression précédente. La parenthèse $< >_B$ indique qu'il faut mesurer l'entropie induite en B par toutes les sorties possibles de A pour chaque état initial de B, pour ensuite en calculer la valeur moyenne. Car une même sortie de A peut produire un effet différent en B selon l'état initial de celui-ci. La deuxième modification apparaît dans la nécessité, en règle générale, de soustraire $< H(B) \mid A^{\text{fixé}} >_{B,A}$, correspondant à la portion de l'entropie de B qui ne dépend pas des interactions causales avec A, c'est-à-dire l'entropie éventuelle de B si l'entrée venant de A ne changeait pas[9].

L'information effective permet donc, en principe, de mesurer le répertoire des réponses dont dispose un système face à une source particulière d'entrées. Ces réponses doivent être en relation causale avec les entrées : en d'autres termes, l'information effective montre à quel point les différences au niveau de ces dernières entraînent des différences au sein du système. Elle mesure par conséquent les différences qui font une différence[10].

Nous pouvons donc définir ce qui distingue fondamentalement Galilée de la photodiode. Chaque fois que celle-ci indique comme entrée « lumière » ou « obscurité », cela correspond à une information effective égale à 1 bit. En ce qui concerne Galilée, l'information effective est, dans les mêmes conditions, considérablement plus grande, égale dirons-nous à 100 000 bits. Comme nous l'avons vu lors de la première leçon, la photodiode distingue seulement deux entrées possibles tandis que Galilée en distingue $2^{100\,000}$. Une différence non négligeable.

CHAPITRE 7

L'INFORMATION
OU GALILÉE DANS L'ASTRONEF

Galilée est satisfait. La première expérience de pensée – la confrontation avec la photodiode – a conduit à la formulation d'une mesure : l'information effective qui permet d'exprimer de façon mathématique et précise la différence entre les remarquables capacités de discrimination de Galilée et celles on ne peut plus limitées de son compétiteur, la photodiode. C'est un bon début car il nous permet d'affronter les paradoxes de la conscience sur des bases plus solides.

Mais la curiosité intellectuelle de Galilée s'accompagne toujours d'une certaine veine polémique et, tout en acceptant avec enthousiasme la formule qui définit l'information effective, ce nom le laisse extrêmement perplexe. Pourquoi donc l'appeler « information » ? Il s'agit après tout d'une évaluation de la capacité d'un système à différencier ou à distinguer plusieurs entrées, mais, comme sa définition l'indique, cette capacité n'a rien à voir avec le monde extérieur : elle se limite à mesurer une propriété du récepteur, elle ne dit rien sur ce qu'il y a « là-dehors », c'est-à-dire dans la pièce. Appelons-la par conséquent « capacité de discrimination », *vis discriminans*, et non pas « information ». L'« information » accroît notre connaissance d'un élément extérieur (elle nous informe). Or, pour mesurer l'information effective, nous nous limitons à perturber de toutes les façons possibles les entrées venant du monde extérieur sans nous préoccuper de ce qui s'y passe réellement. Ce sujet commence à échauffer Galilée ; le monde extérieur pourrait aussi ne pas exister. Que la pièce soit vide et close, éclairée ou dans l'obscurité, ou qu'elle ait une fenêtre et une porte donnant sur la variété infinie du monde, l'information effective aboutira toujours à la même valeur et ne nous donnera aucune information à ce sujet. Lui donner le nom d'« information » est donc complètement ridicule et absurde !

La verve polémique de Galilée s'apparente désormais à un fleuve en crue. Il passe de la raillerie au ton professoral. Le fait de définir comme information ce qui n'est au contraire qu'une simple propriété du récepteur lui semble d'une incongruité évidente et logique et tout cela commence à l'énerver. Stupéfait, même indigné par cette impropriété linguistique, il espère que ce terme n'est pas entré dans le langage scientifique courant. Il est temps de faire une dernière expérience de pensée, une expérience sur mesure pour Galilée, dépassant toutes ses attentes.

Cette fois-ci en effet, il aura le privilège de monter dans un astronef et de partir pour un long voyage dans l'espace afin de toucher de près ce qu'il avait pendant tant d'années regardé de loin. À la fin de sa vie, Galilée se retrouvera enfin et de façon bien méritée au Paradis, un Paradis fait sur mesure pour lui.

Après lui avoir fait part des progrès extraordinaires qui ont mené l'homme sur la Lune et qui ont permis l'exploration du système solaire, de la Voie lactée et de plus loin encore, après l'avoir vu retenir son émotion avec peine et rajeunir de quatre siècles, nous finissons par lui expliquer qu'il aura à sa disposition, durant son voyage, l'écran d'une caméra hypersensible, un écran composé d'un million d'éléments lui permettant d'observer continuellement les merveilles de l'espace dont il sera entouré. Il disposera aussi de commandes pour modifier la direction de l'astronef si toutefois il voulait se rapprocher ou s'éloigner d'un corps céleste.

Nous laisserons de côté l'histoire de Galilée dans l'astronef, de Galilée au Paradis et de sa joie intérieure débordante. Peu après le départ, nous sommes déjà face à un Galilée coléreux, véhément, médisant, amèrement déçu par le Paradis. C'est un Paradis en effet dans lequel il ne se passe rien. Ou peut-être s'agit-il de ce déplorable écran ? Quelle différence au fond ? L'écran de la caméra semble ne pas fonctionner du tout. Il laisse apparaître une profusion de petits points blancs et noirs, un million de petits points complètement inutiles tout comme l'écran d'un téléviseur en dysfonctionnement. Et il n'y a aucun bouton ni aucun dispositif mécanique. Tout est électronique et quoi qu'il veuille entreprendre, Galilée ne peut pas intervenir. Tant et si bien qu'après avoir donné un coup violent à l'écran dans un moment de désespoir, les petits points blancs et noirs disparaissent eux aussi et l'écran devient noir de façon permanente, irrémédiable et exaspérante.

Quel astronef ! Galilée aurait plutôt l'impression d'être en prison, certes une prison pourvue de livres et de musique (il y a même un luth), néanmoins une prison.

Les jours passent et Galilée ne cesse de maudire, de lire et de réfléchir. Après avoir posé son dernier livre, il se tourne rapidement pour regarder l'écran – juste pour jeter un coup d'œil, pas plus d'une seconde, pour s'assurer que rien n'a changé. Mais, au lieu d'être noir, l'écran montre à nouveau une profusion ininterprétable de tous petits points blancs et noirs. Galilée a soudain un bref sursaut d'espoir mais cela ne prouve pas pour autant que la caméra recommence à fonctionner. En effet, tout comme les autres fois, l'écran ne tarde pas à redevenir tout noir.

Par désespoir, par ennui ou par besoin de comprendre ce qui lui arrive, Galilée, pris d'une impulsion soudaine, reconsidère une question mise de côté depuis son départ et qui prend désormais un sens particulier. Combien d'informations a-t-il reçues quand il a jeté un coup d'œil à l'écran ?

Indigné par l'usage impropre du terme, Galilée a effacé de son esprit la définition de l'information effective. Durant sa captivité dans l'astronef, il a eu les moyens au contraire d'étudier les bases de la théorie de l'information. Il a appris que celle-ci est définie comme la dépendance statistique entre une source de signaux et un destinataire. Pour la calculer, il faut connaître la distribution de probabilités des états de l'un tout comme celle de l'autre. On peut à partir de celles-ci, Galilée s'en souvient bien, obtenir leur entropie respective. L'information entre la source et le destinataire est la part de l'entropie que ces derniers partagent – elle mesure à quel point la distribution des états du destinataire est statistiquement dépendante de celle de la source. La quantité en question se nomme *information mutuelle* ; celle-ci révèle dans quelle mesure l'état de l'un est prévisible si l'on connaît celui de l'autre. C'est une quantité extrêmement utile dans le développement des systèmes de communication. On peut par exemple envisager les caractéristiques d'un système de communication – le *canal* entre la source et le destinataire – de sorte que l'information moyenne transmise par un signal soit la plus grande possible. On peut aussi développer des schémas pour coder l'information à transmettre le plus efficacement possible et pour compenser les limites d'un canal ou la présence de facteurs perturbateurs. Ce n'est pas un hasard si Shannon était un ingénieur spécialisé dans les téléphones.

Galilée s'apprête donc à appliquer ces conclusions à la situation présente. Il examine à nouveau l'écran pour conclure une fois de plus que le nombre de petits points s'élève à $1\,000 \times 1\,000$, soit un million, et que chaque petit point peut évidemment être blanc ou noir. Pour calculer l'information mutuelle entre l'écran et lui, et par conséquent l'information contenue en moyenne dans un signal provenant de l'écran, il faut simplement connaître la distribution de probabilités des messages émis par la source d'information. Après quoi, il faudra évaluer les états assumés par Galilée en réponse à ces différents signaux et mesurer enfin la dépendance statistique entre les états de l'un et ceux de l'autre. Une fois que nous connaîtrons les différentes probabilités en question – la probabilité des états de l'écran, celle des états de Galilée et leurs probabilités réunies – mesurer l'entropie et l'information mutuelle sera un vrai jeu d'enfant.

Mais Galilée n'a pas besoin de finir son raisonnement pour s'apercevoir que les choses ne sont pas si simples.

Comment, en effet, peut-il connaître la distribution de probabilités des états de la source ? La source d'information est en réalité inconnue et complètement hors de sa portée – il suppose que l'information vient de l'espace environnant mais il n'a aucun moyen de le vérifier directement. Il ne sait même pas avec certitude s'il se trouve dans l'espace ou dans une prison. Les choses sont totalement différentes pour un ingénieur connaissant *a priori* la distribution de signaux à transmettre et pour un individu, comme dans le cas de l'astronef, n'ayant aucun moyen de savoir ce qu'il y a autour de lui.

Il y aurait peut-être une autre solution qui n'impliquerait pas de connaître directement les caractéristiques de la source d'information, une solution consistant à mesurer la distribution de probabilités des images reçues par Galilée. Mais celui-ci se rend tout de suite compte qu'il s'agit d'une voie sans issue. Même s'il pouvait enregistrer et ordonner à son gré toutes les images reçues pendant un certain laps de temps, la distribution de probabilités ainsi obtenue ne serait sûrement pas représentative de la source. Pour connaître la « vraie » distribution de probabilités, celle qui reflète les caractéristiques de la source d'information extérieure, et pour obtenir une mesure juste de l'information mutuelle entre Galilée et l'écran, il faudrait attendre une éternité (il est à souhaiter que le Paradis ne soit pas éternel, murmure Galilée).

Pis encore, il ne faut pas simplement attendre. Même si l'on pouvait espérer, grâce à une observation prolongée, s'approcher de la « vraie » distribution de probabilités des signaux provenant de l'extérieur, cette distribution pourrait radicalement changer dans le futur. Comme Galilée l'a appris dans les livres de statistiques, cela s'appelle la

« non-stationnarité ». Si la constitution de l'univers changeait – si l'univers décidait d'un moment à l'autre de désobéir, pourquoi pas, à toutes les lois de la nature – la distribution de probabilités recueillie avec peine n'aurait plus aucune valeur. Ou si l'univers, ayant atteint son âge maximal, décidait d'un moment à l'autre de se dissoudre, la « vraie » distribution de probabilités et la valeur correcte de l'information mutuelle disparaîtraient à tout jamais. Comment l'information reçue par Galilée jusqu'au moment précédant la dissolution de l'univers peut-elle dépendre de ce que l'univers décidera de faire durant le reste de l'éternité ?

Que de sottises ! s'exclame-t-il en reprenant ses esprits. Il a même lu dans des textes sur la théorie de l'information qu'il est rigoureusement interdit de se poser ce type de questions, à savoir combien d'informations a-t-il reçues en regardant l'écran. L'aspect subjectif de l'information, concernant sa signification, est complètement étranger à cette théorie. C'est pourquoi Shannon avait intitulé son livre *Théorie mathématique de la communication* et non « de l'information ». Si l'on connaît l'alphabet des symboles et leur probabilité, la théorie permet d'établir quelle est la façon la plus efficace de transmettre des messages mais ne dit rien de leur signification. Seuls les esprits incultes en mathématiques se laissent fourvoyer et prennent l'information pour une signification.

Mais Galilée est têtu et n'a jamais apprécié les interdits. Il a un esprit mathématique. Combien d'informations a-t-il reçues en regardant l'écran ? La question est tout à fait sensée et il doit exister une façon d'y répondre. Galilée sait bien que les informations utiles ont été obtenues en un simple coup d'œil. Il a conclu, à tort ou à raison, qu'il s'agissait tout bonnement d'un bruit de fond – des images différentes selon la disposition des petits points, selon leur couleur blanche ou noire, mais créant une impression d'ensemble de désordre indéchiffrable.

Plongé dans ses réflexions, Galilée se tourne encore une fois et voit soudain apparaître sur l'écran une forme familière, le touchant au plus profond de lui-même – c'est la forme incontestable de Jupiter avec ses satellites médicéens (Galilée les avait appelés ainsi). Une seconde plus tard, l'image est toujours celle de Jupiter, mais nettement plus grande, comme si la planète s'était rapprochée. Galilée est en proie à l'émotion mais il ne perd pas ses esprits et garde son sang-froid. Il court aux commandes de l'astronef et effectue un changement de direction. Bien qu'il souhaite évidemment voir Jupiter et ses satellites de près, il n'a pas l'intention de foncer droit dessus. C'est donc avec un grand soulagement qu'il voit, une fois la manœuvre effectuée, la forme de Jupiter sortir rapidement du champ de l'écran. Galilée est sain et sauf.

Le tout a duré quelques instants. Il pourrait s'agir d'un jeu vidéo si Galilée savait ce que c'était. Ça pourrait aussi être un rêve, ou bien la réalité. Mais il sait bien qu'il n'y a aucun moyen de le déterminer. Il se souvient maintenant d'avoir lu Berkeley et Kant, et d'avoir médité sur ce que Kant appelait la *Ding an sich*, la « chose en soi ». Galilée peut avoir une connaissance directe des changements observés sur l'écran mais pas du monde situé à l'extérieur de l'astronef.

Une fois le danger réel ou virtuel évité, il recommence à réfléchir. Combien d'informations a-t-il reçues en regardant l'image de Jupiter apparue sur l'écran ? Son bon sens lui donne une réponse très claire : un grand nombre d'informations, en outre très utiles. S'il n'avait pas reçu ces informations, il serait probablement redescendu sur sa planète préférée sans aucune issue de secours. Mais grâce à cet écran providentiel et à cette image soudainement apparue, il a pu être sauvé.

Galilée réfléchit, se souvient et finalement se ravise. En effet, l'information n'est et ne peut être relative qu'à lui-même. Elle se trouve dans l'œil de celui qui voit, dans l'oreille de celui qui entend et dans la main de celui qui touche, ou mieux, dans le cerveau de celui qui est conscient. Galilée représente la mesure de toute chose. L'information qu'il reçoit effectivement lors du coup d'œil lancé à l'écran est mesurée sur la base du répertoire d'états dont il dispose. La source reste inconnue : toutes les entrées sont aussi possibles les unes que les autres. Malgré cela, il reçoit une information – une *information effective*.

Galilée doit maintenant se souvenir de l'expérience de la photodiode, de la façon dont on peut mesurer le répertoire des états possibles du destinataire, sa capacité à distinguer toutes les entrées possibles. Voici la formule pour obtenir l'information effective :

$$EI(A \rightarrow B) = \; < H(B) \mid A^{\text{pert}} >_{B} \; - \; < H(B) \mid A^{\text{fixé}} >_{B,\,A} \qquad [3]$$

Tout compte fait, ce nom n'était pas complètement inapproprié, d'autant plus que les paradoxes apparus avec l'information mutuelle ne concernent absolument pas l'information effective. Galilée, il est vrai, a une expérience plutôt limitée des éléments susceptibles d'apparaître sur l'écran. Il a vu, durant ces deux jours, une longue séquence d'images semblables à celles d'un écran tout noir, puis une série d'images ininterprétables comme celles d'un téléviseur en dysfonctionnement et, finalement, des images de Jupiter et de ses satellites médicéens. Et il n'a pas la moindre idée de ce qui peut apparaître sur l'écran les jours ou les siècles à venir. Il n'y a aucun moyen pour lui de connaître la distribution d'états de l'univers – un univers probablement incontrôlable et impossible à percevoir dans sa totalité. Mais, s'il n'y a aucun moyen d'évaluer l'information mutuelle entre l'univers et Galilée, il est possible par contre de connaître l'information effective reçue par Galilée à travers l'écran de la caméra. Celle-ci se trouve dans l'œil de celui qui regarde et elle peut par conséquent être mesurée.

CHAPITRE 8

COMPLEXITÉ ET COMPLEXES : MESURER L'INFORMATION INTÉGRÉE

Galilée vient à peine de digérer ce qu'il a appris qu'il envisage déjà sa prochaine mission. L'information effective peut mesurer l'information reçue par un système quand il répond à un signal venant de l'extérieur. Celle-ci dépend du répertoire d'entrées possibles du système et de la façon dont ce dernier est constitué – à savoir s'il s'agit de Galilée ou d'une photodiode. Elle reflète les différences entre ces deux systèmes par rapport à la grandeur de leur répertoire de réponses possibles, disons 100 000 bits dans le cas de Galilée contre un seul bit dans celui de la photodiode. Cette information effective promet d'avoir une certaine utilité pour affronter les paradoxes de la conscience.

Mais Galilée n'a pas oublié la caméra. Tout comme lui, le répertoire de réponses dont dispose une caméra est extrêmement grand. Calculons en effet l'information effective entre le capteur de la caméra et son écran. Celui-là, semblable à une rétine, se compose d'un million de photodiodes ordonnées. Celui-ci, comparable à un cerveau, est constitué d'un million de petits points reliés un par un à leur photodiode respective. Si nous perturbons le capteur de la caméra (A) de toutes les façons possibles, le nombre de sorties s'élève à $2^{1\,000\,000}$ (chaque photodiode peut être allumée ou éteinte de façon totalement indépendante). Combien de configurations différentes seront représentées sur l'écran (B) ? Si les connexions entre le capteur et l'écran fonctionnent bien, l'écran en reproduira fidèlement $2^{1\,000\,000}$. Chaque petit point de l'écran sera allumé ou éteint selon le signal reçu par la photodiode correspondante. Chaque sortie produit donc un état particulier de la caméra. C'est pourquoi l'information effective de celle-ci est égale à un million de bits, une valeur supérieure à celle de Galilée.

Mais ce dernier n'a pas oublié le problème posé par la caméra. Comme il l'avait conclu, elle représente un ensemble d'éléments indépendants, reliés à leur photodiode respective, mais incapables d'interagir les uns avec les autres. Il n'existe pas une entité « caméra » sauf du point de vue d'un observateur extérieur. Il n'y a pas de raison, en d'autres termes, de considérer les réponses de la caméra comme les réponses « intégrées » d'une seule entité – nous avons simplement à faire aux réponses indépendantes de chaque élément de l'écran au signal envoyé par leur photodiode, le tout multiplié par un million.

Ce n'est pas la même chose pour Galilée : ses états sont évidemment ceux d'une seule entité, à savoir le substrat cérébral de sa conscience. Il se souvient d'une conclusion faite précédemment : si l'on coupait en deux, à l'aide d'une lame très fine, la grille de l'écran, il n'arriverait rien – comme il n'y a pas de possibilité d'interaction entre les deux moitiés, la division n'aurait aucune conséquence. Si par contre nous faisions la même chose au cerveau de Galilée, nous couperions non seulement deux cent millions de fibres reliant les deux hémisphères et leur permettant de communiquer, mais aussi la conscience de celui-ci. Nous obtiendrions alors deux consciences partiellement diminuées. Et si l'on coupait la grille de l'écran non pas en deux parties mais en un million d'éléments, chacun correspondant à un petit point différent, il ne se passerait une fois de plus absolument rien. En revanche, si l'on divisait le cerveau de Galilée de la même façon, celui-ci n'existerait plus.

Complexité

Comment savoir si nous sommes face à une entité intégrée ou à un ensemble d'éléments indépendants ? Comment déterminer s'il s'agit de réponses différenciées d'un même système intégré ou de réponses séparées de plusieurs éléments sans aucune interaction entre eux ?

Les sujets au cerveau divisé nous offrent un moyen de le savoir. Chez eux, l'information visuelle présentée à l'hémisphère droit ne peut pas rejoindre l'hémisphère gauche et, par conséquent, ce dernier n'intègre pas cette information dans son expérience consciente. Si par contre le cerveau est intact, l'information arrivant à l'hémisphère droit est d'une façon ou d'une autre disponible aussi pour celui de gauche, et *vice versa*. On a donc une seule expérience en présence d'un système intégré, l'information arrive ainsi à toutes les parties de ce système. Voilà donc un moyen d'évaluer s'il s'agit ou non d'un système capable d'intégrer des informations : nous devons savoir si l'information présentée à une partie du système peut arriver à l'autre partie, et *vice versa*.

Dans ce cas, l'information effective peut de nouveau s'avérer utile. Celle-ci révèle les changements produits en B par les sorties de A. Ces changements dépendent du nombre de réponses possibles de B face à toutes les entrées possibles venant de A. A représentait jusqu'à présent l'ensemble des capteurs permettant à B d'être en contact avec l'extérieur et l'information effective nous servait à calculer combien d'informations extérieures B pouvait recevoir par l'intermédiaire de A. Galilée en eut très vite l'intuition, il suffit une fois de plus de changer le système de référence et d'imaginer que A et B sont en fait les deux moitiés de notre système. Nous pouvons utiliser l'information effective afin d'évaluer l'information susceptible d'être échangée entre A et B au sein de ce même système d'éléments – c'est l'histoire de l'œuf de Christophe Colomb.

Examinons de plus près comment procéder. Considérons un ensemble d'éléments S représentant par exemple les petits points de l'écran de la caméra ou bien les cellules nerveuses du cerveau. Supposons pour simplifier que les éléments du système soient binaires, c'est-à-dire que chacun dispose seulement de deux états – allumé ou éteint. Imaginons en outre que, pour nos calculs, S soit un ensemble isolé ce qui nous permet d'ignorer les influences extérieures et de nous concentrer sur ses caractéristiques intrinsèques.

La prochaine étape est cruciale car elle va nous permettre d'évaluer non pas le nombre d'états dont dispose S face aux entrées venant de l'extérieur mais plus particulièrement le nombre d'états pouvant découler des interactions au sein de cet ensemble. Pour atteindre cet objectif, subdivisons S en deux parties A et B – effectuons une *bipartition* de S (*cf.* Figure 1a). Nous voulons mesurer le nombre d'états qu'une partie peut entraîner dans l'autre – les différences qui font une différence. Il suffit donc de perturber les sorties de A de toutes les façons possibles et d'évaluer le niveau de *différenciation* du répertoire des états induits en B en mesurant sa nouvelle entropie. Mesurons donc l'information effective entre les deux parties A et B du système, exactement comme si on la mesurait entre le capteur de la caméra et son écran, ou entre la rétine et le cerveau de Galilée[1].

Mais comme A et B dans ce cas peuvent faire fonction d'entrée comme de sortie, il conviendra de mesurer aussi l'information effective entre B et A (*cf.* Figure 1b). Nous aurons ensuite, en additionnant ces deux informations effectives, entre A et B et entre B et A, une mesure de la quantité d'information pouvant être intégrée dans notre système à travers la bipartition en question :

$$\mathrm{EI}\ (A \leftrightharpoons B) = \mathrm{EI}\ (A \rightarrow B) + \mathrm{EI}\ (B \rightarrow A) \qquad [4]$$

Pour établir si un ensemble d'éléments constitue une entité intégrée, nous devons évaluer à quel point celui-ci est capable non pas de recevoir des informations venant de l'extérieur mais d'*intégrer* des informations en son sein.

Il y a pourtant une grande différence quand nous voulons mesurer l'information effective au sein du système et non plus entre le système et le monde extérieur. Il existe en effet de nombreuses façons de diviser un ensemble en deux parties A et B et l'information effective change considérablement selon le choix de ces parties. Considérons par exemple une bipartition dans laquelle A est constitué d'un seul élément relié par une fibre nerveuse à un des nombreux éléments de B. Les sorties possibles de A sont dans ce cas au nombre de deux, 1 et 0. Même si B répond différemment aux deux entrées correspondantes, l'entropie induite en B, et donc l'information effective, ne peut pas dépasser 1 bit. De même, si B était constitué d'un seul élément, il pourrait assumer au maximum deux états différents, et même si les sorties de A étaient très nombreuses, l'entropie induite, et donc l'information effective, serait toujours égale à 1 bit.

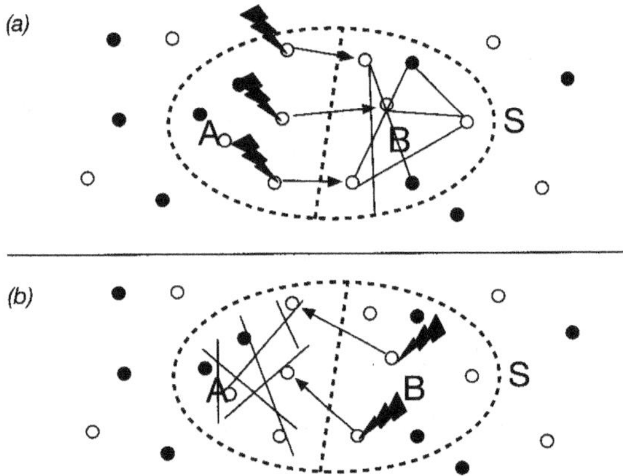

Figure 1. (a) présente un ensemble hypothétique S d'éléments (ovale hachuré). Ces éléments, représentant par exemple des cellules nerveuses, peuvent être allumés ou éteints (petits cercles blancs ou noirs). Les traits fins symbolisent les connexions existantes entre certains éléments de l'ensemble. Ce dernier est subdivisé en deux parties A et B par une bipartition (ligne hachurée), appelée dans ce cas « mipartition » (bipartition en deux moitiés), les deux parties étant constituées d'un nombre égal d'éléments. Les éclairs noirs symbolisent toutes les perturbations possibles effectuées sur les sorties de A. Selon les entrées

venant de A et les connexions au sein de B, ce dernier assumera tour à tour un état différent parmi tous ceux dont il dispose (certains éléments seront allumés, d'autres éteints). On obtient l'information effective entre A et B à partir de la distribution de probabilités des états induits en B par la perturbation des sorties de A : EI (A → B). (b) présente au contraire toutes les perturbations possibles effectuées sur les sorties de B, à partir desquelles on obtient l'information effective entre B et A : EI (B → A). L'information effective pour cette mipartition particulière EI (A ⇋ B) est simplement la somme EI (A → B) + EI (B → A).

D'après cet exemple, l'information effective entre deux parties d'un ensemble est potentiellement plus élevée quand chacune des deux a le plus grand nombre possible d'éléments, c'est-à-dire quand le système est divisé en deux moitiés[2]. Nous appellerons « mipartitions » ces bipartitions en deux moitiés – celles-ci permettent en général d'évaluer le plus grand nombre d'états pouvant être induits dans une partie du système par des perturbations de l'autre partie.

Ayant décidé de prendre en considération les mipartitions, laquelle devons-nous choisir maintenant ? Il y a un grand nombre de mipartitions possibles pour un même ensemble dans la mesure où il y a de nombreuses façons de choisir A et B. Et chacune d'entre elles donnera lieu à des valeurs différentes de EI (A → B) et de EI (B → A). Laquelle révèle réellement le nombre d'informations intégrées par l'ensemble en question ? Un autre exemple suffira pour nous montrer comment procéder. La figure 2a présente un ensemble composé de quatre éléments numérotés de 1 à 4. Supposons que nous connaissions parfaitement les règles déterminant les interactions entre eux. Nous savons notamment, comme l'indique la figure, que 1 et 2 sont reliés de façon bidirectionnelle tout comme 3 et 4. Toute interaction entre les couples 1-2 et 3-4 est en revanche impossible.

Considérons maintenant la mipartition verticale entre les éléments {1, 3} et les éléments {2, 4}, pour laquelle {1, 3} = A et {2, 4} = B. Supposons que l'on mesure l'information effective EI (A → B) et qu'elle s'élève à 2 bits. Pour les 4 sorties possibles de A (1,1 ; 0,0 ; 1,0 ; 0,1), B assume 4 états différents. Si nous mesurons ensuite EI (B → A), elle s'élève aussi à 2 bits. L'ensemble constitué de 4 éléments devrait donc être capable d'intégrer 4 bits d'information effective (2 bits entre A et B et 2 bits entre B et A). Ce n'est évidemment pas le cas. Considérons en effet la mipartition horizontale entre les éléments {1, 2} et les éléments {3, 4} pour laquelle {1, 2} = A et {3, 4} = B (*cf.* Figure 2b). L'état de A n'entraîne dans ce cas aucun changement d'état en B et *vice versa*. Soit EI (A → B) = EI (B → A) = 0 bit. Nos quatre éléments, par conséquent, ne constituent pas une seule entité capable d'intégrer des informations mais peuvent se décomposer en deux sous-ensembles complètement indépendants.

Cet exemple nous suggère que, parmi toutes les mipartitions possibles, il faut donc identifier celle ayant une information effective de valeur minimale. Si cette valeur est égale à zéro, comme dans l'exemple précédent, nous saurons automatiquement que nous n'avons pas à faire à une seule entité. Si cette valeur est simplement basse, nous saurons qu'il existe un moyen de subdiviser l'ensemble en deux moitiés qui correspondraient précisément à cette mipartition pour laquelle l'information effective est très faible.

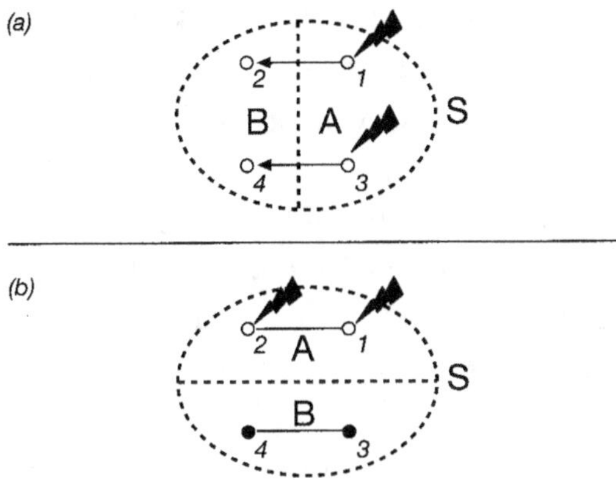

Figure 2. (a) présente un ensemble S divisé en deux moitiés A et B par une mipartition verticale. S contient 4 éléments numérotés de 1 à 4. 1 est relié à 2 et 3 est à son tour relié à 4. Il n'existe pourtant aucune connexion ni aucune possibilité d'interaction causale entre 1 et 2 d'une part et 3 et 4 d'autre part, ce que met en évidence le calcul de l'information effective pour deux mipartitions différentes. Pour la mipartition verticale présentée en (a), toutes les perturbations effectuées sur les sorties de A (quatre sorties différentes : 1 et 3 allumés, 1 et 3 éteints, 1 allumé et 3 éteint, 1 éteint et 3 allumé) entraînent quatre états différents chez B (par exemple 2 et 4 allumés, 2 et 4 éteints, 2 allumé et 4 éteint, 2 éteint et 4 allumé), ce qui correspond à deux bits d'information effective entre A et B. La mipartition horizontale en (b) correspond par contre à une information effective entre A et B (et entre B et A) de 0 bit car les éléments de A, même s'ils sont perturbés, n'entraînent aucun changement de ceux qui appartiennent à B. La valeur de l'information effective la plus basse, obtenue après considération de toutes les mipartitions possibles d'un ensemble correspond à la ᴹᴵcomplexité de ce dernier. Dans ce cas, la valeur de la ᴹᴵcomplexité est égale à 0 bit.

Donnons un nom à cette quantité – soit la valeur minimale de l'information effective pour toutes les mipartitions d'un ensemble S. Appelons cette valeur *ᴹᴵcomplexité* (*minimum information MID-partition complexity*) ou ᴹᴵC. Soit la formule :

$$^{MI}C(S) = \min\{EI\ (A \leftrightharpoons B)\} \text{ pour tout } A = S/2 \qquad [5]$$

A correspond à toutes les combinaisons possibles entre la moitié des éléments de l'ensemble[3]. La ^{MI}complexité de S exprime donc la quantité minimale d'information effective pouvant être intégrée entre les deux moitiés A et B (elle mesure ainsi l'*information intégrée* au sein d'un sous-ensemble d'éléments). Mais elle n'indique pas entre quels éléments l'information est intégrée. Pour le savoir, nous devons effectuer une dernière digression et parler de complexes.

Complexes

L'exemple de la figure 2 est ce qu'on peut imaginer de plus simple et de plus clair. Il suffit d'un coup d'œil sur l'ensemble pour savoir qu'il est constitué de deux sous-ensembles indépendants {1, 2} et {3, 4}. Il n'y a pas besoin d'analyse pour voir qu'il n'y a aucun sens à parler d'information intégrée au sein du système {1, 2, 3, 4} ; il s'agit seulement d'éléments séparés au sein de deux couples. Si en effet nous mesurons C ({1, 2, 3, 4}), nous obtenons une valeur égale à 0 bit. Si par contre nous mesurons séparément C ({1, 2}) et C ({3, 4}) nous obtenons dans les deux cas une valeur égale à 2 bits : contrairement à l'ensemble {1, 2, 3, 4}, les sous-ensembles {1, 2} et {3, 4} constituent des entités intégrées.

Comment pouvons-nous déterminer d'une façon générale quels sont les éléments constituant une entité intégrée ? Habituellement, les choses ne sont en effet ni simples ni claires ; nous n'avons souvent aucune idée de la façon dont les éléments d'un ensemble sont reliés entre eux. Imaginons que nous soyons face à un ensemble X constitué de n éléments et dont nous ne savons quasiment rien. Comment pouvons-nous procéder ?

L'exemple précédent suggère une fois de plus le chemin à suivre (*cf.* Figure 3). Pour commencer, nous devons en effet considérer chaque *sous-ensemble* S possible constitué d'éléments extraits de X (S $\subseteq$ X où le symbole $\subseteq$ signifie « appartient à ») et calculer pour chaque sous-ensemble la complexité ^{MI}C (S). Nous avons intérêt à commencer par les sous-ensembles les plus petits, composés seulement de deux éléments, puis par ceux qui en contiennent trois et quatre, pour finir par le seul sous-ensemble de n éléments correspondant à l'ensemble X tout entier (*cf.* Figure 3). Nous classerons alors tous les sous-ensembles possibles suivant leur complexité, en plaçant en haut de la liste ceux ayant la plus élevée (*cf.* légende de la Figure 3) et nous obtiendrons une liste provisoire des complexes. Pour parvenir à une liste définitive, il faudra exclure les complexes « impropres », à savoir ceux faisant partie de sous-ensembles plus grands de complexité plus élevée et ceux incluant des sous-ensembles plus petits de complexité égale ou supérieure[4].

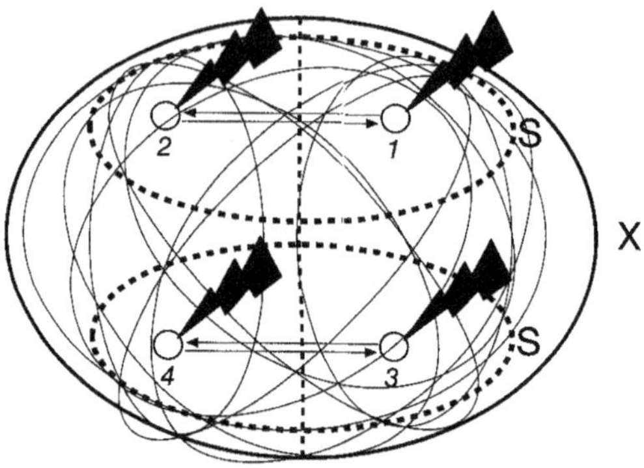

Figure 3. La figure représente tous les sous-ensembles possibles d'un ensemble X (ovale le plus grand) composé de quatre éléments. Chaque sous-ensemble S est représenté par un ovale hachuré. Il faut pour chacun d'entre eux considérer toutes les mipartitions possibles et mesurer l'information effective entre les deux moitiés. La valeur minimale donne la [MI]complexité du sous-ensemble. En ayant établi la [MI]complexité de chacun, nous pouvons décomposer l'ensemble X par les complexes dont il est constitué. Dans ce cas, pour tous les sous-ensembles sauf deux exceptions, la [MI]complexité est égale à 0 bit car nous pouvons les subdiviser en deux moitiés telles que l'information effective entre elles soit égale à 0 bit (on remarque que pour les sous-ensembles composés de 3 éléments, les mipartitions s'effectuent entre 2 éléments d'un côté et 1 élément de l'autre). Les sous-ensembles {1, 2} et {3, 4} représentés par un ovale hachuré font exception. Comme le montrent les flèches reliant respectivement les éléments 1 et 2 et les éléments 3 et 4, ce sont les deux seuls sous-ensembles où les interactions causales entre les deux moitiés sont possibles. Supposons par exemple que la [MI]complexité des sous-ensembles {1, 2} et {3, 4} soit égale à 2 bits (1 bit d'information effective entre 1 et 2, tout comme entre 2 et 1 ; de même entre 3 et 4 et entre 4 et 3). La décomposition de l'ensemble X en ordre de [MI]complexité décroissante donne donc : {1, 2} {3, 4} = 2 bits ; {1, 3} {1, 4} {2, 3} {2, 4} {1, 2, 3} {1, 2, 4} {1, 3, 4} {2, 3, 4} {1, 2, 3, 4} = 0 bit. Seuls les sous-ensembles {1, 2} et {3, 4} constituent des complexes. Il s'agit de complexes propres car aucun d'entre eux n'est inclus dans un sous-ensemble de complexité plus élevée et n'inclut un sous-ensemble de complexité égale ou supérieure.

Nous obtiendrons enfin la liste des *complexes propres* contenus dans l'ensemble considéré, classés par ordre de complexité décroissante. Un complexe propre peut donc être défini comme un *sous-ensemble d'une grande complexité qui n'est pas inclus dans un sous-ensemble de complexité plus élevée et qui n'inclut aucun sous-ensemble de complexité égale ou supérieure.* Les complexes dotés d'une très grande complexité, ceux qui se trouvent en haut de la liste, sont naturellement les plus intéressants ; on peut appeler *complexe principal* celui ayant la plus grande complexité. Après tout, les complexes ne sont pas tous dotés de la même façon eux non plus[5].

La façon dont on a procédé pour identifier les complexes au sein d'un ensemble d'éléments implique la décomposition optimale de celui-ci, dans la mesure où la ^{MI}complexité de chaque sous-ensemble d'éléments est maximale. Les dictionnaires définissent un complexe comme « un ensemble d'éléments unis ou reliés les uns avec les autres ». Notre définition est plus précise, mais toujours en accord avec l'acception commune : un complexe est un ensemble S d'éléments[6] capables d'*intégrer une information*, dont la quantité est mesurée par la complexité $^{MI}C(S)$.

L'analyse des complexes : un exemple peu rigoureux

Cette façon un peu abstraite de procéder pour mesurer la complexité et identifier les complexes pourrait être illustrée par certains réseaux neuronaux ou affines simulés par un ordinateur. Mais il semble préférable d'employer des exemples moins précis, certes moins fiables, mais plus évocateurs : imaginons en effet que nous fassions l'analyse de complexes non pas dans un cerveau réel ou simulé mais, pour faire honneur à Galilée, dans l'Italie de la première moitié du XVIIe siècle.

Imaginons donc que les éléments de l'ensemble soient les Italiens de cette époque et qu'ils puissent interagir uniquement en se parlant les uns aux autres – au moins dans cet exemple imaginaire, la violence n'est pas permise. Même si cette expérience de pensée est difficilement imaginable, l'imagination est sans aucun doute une qualité dont les Italiens n'ont jamais manqué.

Pour identifier des complexes potentiels, l'analyse de la complexité doit porter sur les plus petits sous-ensembles de l'Italie à cette époque : en l'occurrence, sur les couples d'Italiens – tous les couples possibles, se connaissant ou non, vivant l'un à côté de l'autre ou à dix jours de cheval. Mesurons la complexité de chacun d'entre eux en faisant par exemple prononcer toutes les phrases possibles à chaque membre du couple et en examinant les réactions produites chez le partenaire.

Dans le cas de couples dont les membres sont proches et bien assortis, comme par exemple Galilée et sa fille, sœur Marie Céleste, les résultats sont excellents. La fille fera une réponse attentive et adaptée aux propos de son père. De même dans l'autre sens : on sait qu'avec l'âge Galilée devint un bon père. Chaque question de celui-ci sera suivie d'une réponse différente de sa fille, et *vice versa*. Nous pouvons par conséquent conclure immédiatement que l'information effective pour la mipartition entre Galilée et sœur Marie Céleste est élevée dans les deux sens. Et pour chaque couple ayant une seule mipartition possible, l'information effective pour cette mipartition nous donne aussi la valeur de sa complexité. Galilée et sa fille forment donc un complexe bien assorti ou, plus exactement, un complexe complexe[7].

D'autres couples, pourtant avantagés par la proximité géographique, étaient moins heureux ; les problèmes de communication entre maris et femmes ou entre parents et enfants existaient évidemment aussi au XVIIe siècle. L'information effective pour les mipartitions correspondantes serait donc réduite proportionnellement. Naturellement, la très grande majorité des sous-ensembles arbitraires, constitués de deux Italiens ou plus, n'aurait pas pu constituer de complexe – l'information effective aurait été égale à zéro, étant donné l'impossibilité de communiquer pour de triviales raisons géographiques ou sociales.

Il peut être utile, par contre, d'examiner rapidement certaines possibilités plus intéressantes. Il est par exemple légitime de se demander si la complexité d'un couple père/ mère est plus élevée que celle d'une famille entière et donc si la meilleure façon de subdiviser la société de cette époque en complexes – le moyen garantissant l'intégration d'une plus grande quantité d'informations, c'est-à-dire la plus grande complexité – est une subdivision par familles ou par couples. Même si un exemple imaginaire n'offre que des réponses imaginaires, voici tout de même ce qu'on peut dire.

Si chaque membre de la famille a un rôle différent, que la communication soit bonne, alors une famille nombreuse, indépendamment de la façon dont sont choisies les deux moitiés, devrait offrir des valeurs de complexité plus élevées qu'un simple couple : il y aura en général plus d'information effective entre un père et son fils d'un côté et une mère et sa fille de l'autre (ou entre un père et une mère d'un côté et les enfants de l'autre) qu'entre un couple père/fils, un couple père/fille ou un couple père/mère, et ainsi de suite. Le complexe correspondant à une famille entière aurait donc une complexité plus grande que pour de simples couples et il représenterait donc la meilleure subdivision possible. Mais si les parents passaient leur temps à se repousser mutuellement et que les deux enfants livrés à eux-mêmes ne cessassent de se disputer, la situation s'inverserait complètement et les deux couples d'adversaires auraient une complexité plus grande que la famille entière.

Le même raisonnement peut s'appliquer à des combinaisons plus nombreuses d'Italiens. La complexité d'une seule famille est-elle plus élevée que celle d'une ville entière ? La complexité est-elle plus élevée pour les Italiens de l'État pontifical ou pour ceux du grand-duché de Toscane ? La ville, qui représente un complexe vaste mais sans délimitation, a-t-elle une complexité nettement supérieure à zéro mais inférieure à celle d'une famille nombreuse ? Pour obtenir des interactions rares ou nulles, doit-on séparer une famille ou bien une ville[8] ? L'analyse des complexes, s'il était possible de la faire et pas seulement de l'imaginer, fournirait une réponse précise à toutes ces questions.

Complexité et organisation :
un exemple encore moins rigoureux

L'analyse des complexes représente la façon « naturelle » de subdiviser un ensemble d'éléments car elle est fondée sur l'information susceptible d'être intégrée au sein d'une entité. Et c'est seulement une fois la subdivision établie que l'on peut prendre en considération sa complexité et effectuer des comparaisons.

Il est intéressant de se demander par exemple comment la complexité d'un complexe varie selon son organisation, ou comment elle peut augmenter si l'on modifie celle-ci. On pourrait dans ce cas aussi étudier des réseaux neuronaux simulés par un ordinateur afin d'examiner le type d'organisation pouvant être associé à une complexité élevée dans les mêmes conditions. Mais, une fois de plus, nous aurons recours à une analogie, encore plus risquée peut-être que la précédente. Nous imaginerons en effet comment peut varier la complexité des interactions entre les membres d'un éventuel parlement italien.

Imaginons pour commencer un parlement chaotique dans lequel chaque membre se soucierait exclusivement de ses propres intérêts et où chacun, dans une confusion assourdissante, ne réussirait à entendre que les propos de son voisin. Il est très facile de séparer en deux moitiés un parlement de ce genre étant donné que la moitié des parlementaires n'entendent pas ce que disent les autres. Même si cela ressemble encore à un parlement, certes plutôt animé, celui-ci est en réalité incapable d'intégrer des informations, excepté quelques-unes entre voisins. Malgré cette grande confusion, la complexité du parlement est dans son ensemble plutôt faible.

Entrons maintenant dans un parlement totalitaire. Une seule personne parle, toutes les autres écoutent et se comportent exactement de la même façon : l'unanimité est parfaite. Même si, de façon exceptionnelle, la moitié des membres faisaient plusieurs propositions différentes, simplement pour voir quel effet ça ferait, les autres répondraient toujours à l'unisson. La réponse est toujours la même car les membres du parlement, en braves petits écoliers, font très attention à toujours s'adapter aux autres camarades : ils ne se permettraient jamais d'avoir un comportement incorrect et d'exprimer un avis différent. Par conséquent, la moitié bien disciplinée répond toujours unanimement. Les réponses possibles sont par conséquent peu nombreuses et la complexité est minime. Un tel parlement est parfaitement intégré. Il constitue sans aucun doute un complexe, mais un complexe dénué de toute différenciation, un complexe dénué de complexité.

Imaginons enfin un parlement idéal, dont les membres interagissent de façon constructive mais préservent une grande autonomie et des idées personnelles. Chaque membre écoute attentivement les arguments de ses collègues et, selon son point de vue personnel, donne une réponse différenciée et particulière. Ce parlement est à la fois intégré et différencié : il constitue un complexe complexe tout comme le cerveau de Galilée.

La théorie
du complexe conscient

Cette marche forcée à travers le désert de l'entropie avait un seul but : celui de développer les concepts et les mesures nécessaires pour formuler une théorie de la conscience en termes mathématiques. Maintenant que nous savons à peu près comment mesurer l'information intégrée, nous pouvons considérer sous une approche mathématique ce qui n'était qu'une série d'intuitions et d'expériences imaginaires.

La définition de la conscience proposée au début de ces leçons – ce qui disparaît quand nous dormons d'un sommeil sans rêve – était évidemment une définition pré-théorétique, tout comme la notion de masse définie comme quelque chose de pesant ou celle de chaleur définie comme une sorte de feu pouvant être échangé entre plusieurs corps. Chaque étudiant apprend en effet que les notions préthéorétiques de masse et de chaleur sont erronées et qu'elles ont été remplacées ou tout du moins précisées par la suite.

De même, la définition de la conscience comme ce qui disparaît quand nous dormons d'un sommeil sans rêve ou, en langage familier, quand « nous perdons conscience ou connaissance », représente un simple point de départ. Nous devons la remplacer par une notion satisfaisante d'un point de vue théorique et scientifique.

Galilée ne sait plus s'il a vraiment été dans l'astronef, ni même s'il a été confronté à une photodiode puis à une caméra. Il ne s'agit peut-être que d'un long rêve comme celui de don Rodrigue. Mais c'est un rêve de vieux savant, épuisant et bourré d'équations. Un rêve qui l'a induit en erreur tant il était péniblement scientifique. À démontrer encore une fois que, s'il est vrai que le cerveau est un résultat de l'évolution de l'univers, il est non moins vrai que, dans un certain sens, l'univers est une invention du cerveau. Une fois réveillé, Galilée retrouve ce qu'il avait griffonné – le résultat de ses intuitions et de ses expériences imaginaires – et tente alors de retracer le chemin parcouru lors de son rêve.

Il a écrit : « L'expérience consciente est différenciée : le répertoire potentiel d'états de conscience différents est extrêmement vaste. Cela signifie que le substrat de la conscience doit avoir à sa disposition un répertoire potentiel d'états différents tout aussi important. »

Il a écrit ensuite : « L'expérience consciente est intégrée : chaque état de conscience apparaît comme une seule entité. Cela signifie que le substrat de la conscience doit lui aussi constituer une entité intégrée. »

En faisant une synthèse, il était enfin arrivé à la conclusion suivante : « Le substrat de la conscience doit être une entité intégrée capable de distinguer un nombre extrêmement grand d'états différents. »

Galilée se souvient d'avoir soutenu ces propriétés comme les propriétés fondamentales de la conscience d'un point de vue phénoménologique. Mais il se souvient aussi d'avoir objecté que l'on ne peut certainement pas parler d'une théorie de la conscience tant que la phénoménologie ne s'est pas transformée en mathématiques et qu'elle n'a pas été mise à l'épreuve des faits. Après tout, nous recherchons une *quantité* révélant dans quelle mesure un système physique est conscient, et à quel point la conscience est présente dans une pierre et chez un homme, dans le foie et dans le cerveau, dans le cerveau et dans le cervelet, dans le cerveau éveillé et dans le cerveau endormi.

S'il est plausible que le substrat de la conscience soit une entité intégrée capable de distinguer un nombre extrêmement grand d'états différents, comment pouvons-nous le vérifier ? Galilée retrouve la formule permettant de mesurer la *complexité* :

$$^{MI}C\,(S) = \min\,\{EI(A \leftrightharpoons B)\}\ \text{pour tout } A = S/2$$

D'après cette formule, la complexité évalue pour un ensemble S d'éléments le nombre de façons différentes dont une moitié du système peut répondre aux entrées possibles venant de l'autre moitié, et *vice versa*. En d'autres termes, elle évalue le répertoire d'états dont dispose un ensemble d'éléments, dus aux interactions causales en son sein.

Galilée retrouve enfin la définition de « complexe » : un ensemble d'éléments ne pouvant être subdivisé en sous-ensembles plus petits et de complexité égale ou supérieure, et ne faisant pas partie d'un ensemble plus grand et de complexité plus élevée. Il se souvient alors : pour tout ensemble d'éléments, nous pouvons déterminer la façon dont il se subdivise en complexes et nous pouvons en mesurer la complexité. Les complexes permettent de savoir si nous sommes face à des entités intégrées. La complexité révèle combien d'états différents peut distinguer chaque complexe et donc la quantité d'information que celui-ci peut intégrer.

Galilée, pour qui « l'univers est écrit en langue mathématique », comprend désormais parfaitement comment ses conclusions fondées sur des intuitions et des expériences imaginaires peuvent être réécrites. Il n'y a en effet rien de difficile à traduire en caractères mathématiques ses griffonnages : « Le substrat de la conscience doit être une entité intégrée capable de distinguer un nombre extrêmement grand d'états différents. » La traduction paraît étonnamment simple : « Le substrat de la conscience est un complexe de haute complexité. »

Désormais, complexe et complexité sont définis en caractères mathématiques. Les prévisions entraînées sont elles aussi très simples – le cerveau, contrairement au cervelet, doit par exemple contenir un complexe de haute complexité ; quand nous dormons d'un sommeil sans rêve, la complexité du complexe cérébral doit être réduite de façon significative. Et tout cela, en principe, peut se mesurer.

Nous voici donc face à l'embryon d'une théorie de la conscience, extrêmement synthétique et seulement ébauchée dans ses implications. Nous pourrions l'appeler *théorie du complexe conscient*. Ses traits essentiels peuvent être résumés en quelques lignes.

D'après la théorie du complexe conscient :

1) l'expérience consciente est différenciée : le répertoire potentiel d'états de conscience différents est extrêmement vaste ;

2) l'expérience consciente est intégrée : chaque état de conscience apparaît comme une seule entité ;

3) le substrat de la conscience est une entité intégrée capable de distinguer un nombre extrêmement grand d'états différents ;

4) le substrat de la conscience est spécifiquement un complexe de haute complexité.

D'après la théorie du complexe conscient, la conscience s'identifie avec la complexité d'un complexe – la conscience *est* complexité. La théorie précise évidemment comment identifier les complexes et mesurer la complexité. La complexité, ou mieux la ^{MI}complexité, est en effet une quantité très précise ; il ne s'agit pas d'un terme vague indiquant quelque chose de compliqué ou de difficile à décrire. Comme Galilée s'en souvient, elle mesure précisément la quantité d'information effective qui est intégrée au sein d'un ensemble d'éléments. *La conscience est complexité et la complexité est intégration d'information.*

Galilée le sait bien : pouvoir écrire une définition de la conscience en caractères mathématiques est une opération lourde de conséquences. Pourtant apparue comme un bon point de départ, la définition préthéorétique de la conscience comme ce qui disparaît lors d'un sommeil sans rêve se révèle en partie inadéquate. Si la conscience *est* complexité dans le sens d'information intégrée, il y a par conséquent, à moins que la complexité ne s'évanouisse complètement, un certain degré de conscience même lors du sommeil. En conclusion, il y a conscience dès que nous avons à faire à un complexe d'une certaine complexité. Parler de conscience ou de complexité revient donc absolument au même. Pour éviter toute confusion, nous parlerons de *complexité/conscience*.

Les conséquences d'une telle identification sont intéressantes et peuvent être surprenantes. On trouve donc un peu de conscience partout dans la nature ? Dans chaque organe et dans chaque cellule ? Chez chaque espèce animale et à chaque stade de développement ? Dans le cerveau mais aussi, même dans une très faible mesure, dans le cervelet ? À l'état de veille tout comme lors du sommeil ? Et il est donc possible de produire une conscience artificielle ?

Le cerveau de Galilée est de nouveau assailli par une série de questions. Il se rend parfaitement compte qu'il n'est pas facile de mesurer en pratique les complexes et la complexité. Mais, après tout, il n'était pas facile non plus d'établir en pratique que deux corps de masse différente tombent avec la même accélération, ou qu'un corps en mouvement, en l'absence de frottement ou de force contraire, continue à se déplacer d'un mouvement uniforme. Cela ne le préoccupe plus guère. Galilée a toujours été fasciné par les conséquences inattendues d'une théorie scientifique qui offrent l'opportunité de mettre à l'épreuve la plausibilité de cette étrange théorie.

CHAPITRE 9

COMPLEXES ET NON COMPLEXES

Dans son traité *De Uno*, Jérôme Cardan affirmait que chaque élément, chaque molécule, chaque tissu, chaque organe et chaque homme faisait partie d'un ensemble plus grand et coopérait avec les autres éléments pour que l'ensemble fonctionne harmonieusement. Tout est un. On pourrait se risquer aussi à dire que tout est complexe.

Il existe indéniablement dans la nature un nombre infini de complexes en tout genre, grands et petits, constitués par peu ou beaucoup d'éléments, bien délimités comme les cellules ou illimités et changeants comme la famille et la société. Il suffit en effet que des éléments différents interagissent de façon causale pour que nous soyons en présence d'un complexe.

La théorie du complexe conscient prévoit cependant, afin de nous éviter certains problèmes d'ordre moral, que le degré de conscience des innombrables complexes de faible complexité soit proportionnellement limité. En effet, d'après cette théorie, la conscience telle que nous la connaissons (à savoir ce qui disparaît quand nous dormons d'un sommeil sans rêve) est associée à des complexes d'une complexité extrêmement élevée.

Toujours d'après cette théorie, les parties du cerveau associées à la conscience, comme le système thalamo-cortical, doivent constituer des complexes d'une complexité bien plus élevée que d'autres parties du cerveau, comme le cervelet, ou que d'autres organes du corps. Si l'on devait prouver le contraire ou prouver que les différences de complexité dans les cas mentionnés ne sont pas évidentes, il n'y aurait aucune issue possible pour la théorie du complexe conscient : celle-ci rejoindrait le triste sort de nombreuses théories anéanties pour un simple détail[1].

Foie et cerveau

Si la théorie est juste, alors ni le rein, ni le foie, ni le cœur, à savoir des organes pourtant compliqués, ne doivent contenir un complexe de complexité élevée. Le cerveau doit par contre en avoir un. Dans ce cas au moins, il semble clair que les choses se passent bien ainsi. Le rein, le foie et le cœur sont constitués de façon à développer différentes réactions biochimiques permettant de résorber, de sécréter ou de se contracter. Mais les cellules du rein ou du foie ont peu de façons de communiquer les unes avec les autres ; or c'est une qualité requise indispensable pour atteindre des valeurs élevées de complexité. Le cerveau est parfait dans ce sens. Dix mille milliards de cellules nerveuses reliées par dix mille fois plus de connexions synaptiques. Les possibilités de communication sont infinies. La complexité, conclut Galilée, doit être extrêmement plus élevée pour le cerveau que pour le foie. Dans un cas comme celui-ci, il n'est même pas nécessaire de la mesurer.

Cerveau et cervelet

Considérons maintenant une qualité requise plus rigoureuse. Comme nous l'avons vu dans la première leçon, le cervelet a davantage de cellules nerveuses que le cerveau, autant de connexions synaptiques et toute la tambouille moléculaire et biochimique nécessaire, mais il n'a pourtant rien à voir avec la conscience. Le cervelet est certainement aussi compliqué que le cerveau. Mais est-il aussi complexe ? Nous pouvons désormais comprendre que même si toutes ces connexions sont nécessaires pour la conscience, elles ne sont pourtant pas suffisantes.

Les connexions du cervelet sont organisées de sorte que celui-ci puisse être subdivisé de façon fonctionnelle en un grand nombre de modules indépendants les uns des autres. Il reçoit un très grand nombre d'entrées ; celles-ci transmettent des signaux vestibulaires par les organes de l'équilibre, des signaux somato-sensoriels par les muscles, les tendons et la peau, des signaux acoustiques, visuels et différents signaux provenant d'autres parties du cerveau concernant les mouvements en exécution ou sur le point d'être exécutés. Chaque type de signal est envoyé à un module spécialisé du cortex cérébelleux. Dans ce module constitué par des circuits locaux plutôt stéréotypés, les signaux d'entrée sont additionnés, soustraits, multipliés, confrontés les uns aux autres et modifiés de diverses façons jusqu'à ce qu'un signal de sortie quitte le cervelet en passant par les voies nerveuses efférentes de ce module.

À première vue, tout cela ressemble à ce qui se passe dans le cerveau. Des signaux somato-sensoriels, visuels, acoustiques, et beaucoup d'autres encore, sont envoyés à des modules spécialisés du cortex cérébral. Comme dans le cervelet, les signaux sont additionnés, soustraits, multipliés et modifiés de façon assez stéréotypée. Chaque module du cortex cérébral envoie à son tour des signaux de sortie par ses fibres nerveuses efférentes[2].

Mais, malgré ces ressemblances, il y a une différence radicale concernant l'intégration des modules du cortex cérébral et cérébelleux[3]. Les modules du cortex cérébral, pourtant très spécialisés, sont reliés les uns aux autres dans un vaste réseau. Tout semble étudié pour que chacun d'entre eux puisse communiquer rapidement et efficacement avec les autres[4]. Dans l'ensemble, les millions de modules du cortex cérébral semblent former un enchevêtrement de connexions spécifiques impossible à démêler ou à subdiviser en éléments indépendants.

Il n'en est pas de même pour le cortex cérébelleux. L'organisation des connexions en son sein semble faite pour empêcher toute communication entre modules. Si, par exemple, les signaux somato-sensoriels atteignent le module approprié, ils y resteront confinés et n'influenceront aucun autre module, proche ou éloigné. Quand un certain type d'entrées, supposons tactiles, atteint le cervelet, celui-ci active une fine bande horizontale du cortex cérébelleux (ou une bande verticale selon le type d'entrées). Les bandes les plus proches sont inhibées et les plus éloignées ne subissent aucun changement. Les sorties des modules cérébelleux, organisés eux aussi en fines bandes ou microzones verticales, s'effectuent de façon complètement isolée. Contrairement au cortex cérébral, les modules ne sont pas reliés les uns aux autres.

Comme le montre l'anatomie, si l'on mesurait la complexité du cervelet, malgré l'immense richesse de celui-ci en matière de cellules et de connexions, le résultat serait très différent de celui obtenu pour le système thalamo-cortical. Pour ce dernier, on obtiendrait probablement un vaste complexe composé d'un grand nombre de modules et doté d'une complexité élevée. Dans le cas du cervelet, l'organisation des connexions favoriserait probablement l'existence d'un grand nombre de complexes tout petits, chacun correspondant à un module isolé. Par conséquent, la complexité de chaque complexe serait très faible. Tout cela a été mis en évidence par une série de simulations par ordinateur ; il s'agit de simulations très simplifiées de l'organisation de base du système thalamo-cortical d'une part et du cervelet de l'autre[5]. Il s'agit d'estimations tout à fait préliminaires mais qui permettent de mettre à l'épreuve les prévisions de notre théorie, comme il sied à Galilée.

Sommeil et veille

Voici une autre qualité requise rigoureuse. Comment pouvons-nous expliquer une telle réduction de l'expérience consciente durant le sommeil à ondes lentes ? D'après la théorie, la conscience est liée au cerveau car l'anatomie de celui-ci permet l'intégration d'une grande quantité d'information au sein d'un immense complexe, tandis que l'anatomie du cervelet, ayant pourtant un nombre de synapses comparable, ne permet pas la formation d'un tel complexe. Mais cela ne nous permet pas de justifier la réduction de la conscience lors du sommeil à ondes lentes : l'anatomie du cerveau ne change certainement pas entre le sommeil et l'état de veille.

Même si l'anatomie du cerveau reste identique, un changement se produit et modifie profondément son fonctionnement. Quand on s'endort, les niveaux de certains neuromodulateurs sont réduits, comme tout d'abord la noradrénaline et l'acétylcholine pouvant modifier l'excitabilité des neurones. Ceux du cortex cérébral deviennent en conséquence plus perméables au potassium. Cet ion, en sortant des cellules, les rend plus négatives face au liquide intercellulaire et donc moins excitables : il devient plus difficile, malgré le même nombre d'entrées, d'atteindre le seuil de décharge neuronale. Plus le nombre de cellules qui n'atteignent pas le seuil de décharge est grand, plus la quantité d'impulsions nerveuses circulant dans le vaste réseau cortical diminue. D'autres neurones corticaux, ne recevant plus le nombre normal d'entrées, cesseront par conséquent eux aussi de décharger. Il s'agit de la phase d'oscillation lente évoquée précédemment, lors de laquelle tous les neurones du cortex cérébral cessent de décharger l'espace d'une fraction de seconde.

Pendant cette fraction de seconde – un moment très long pour les neurones – la quantité de transmetteur chimique présent dans les synapses augmente énormément et celles-ci deviennent alors plus efficaces que d'habitude. Très vite, le relâchement spontané du transmetteur dans la plupart des synapses suffit pour que certains neurones recommencent à décharger. Une autre réaction en chaîne se produit alors, mais cette fois de signe opposé. L'espace d'un court moment, la majeure partie des neurones se remettent à décharger normalement, car l'augmentation de la disponibilité du transmetteur dans les synapses contrebalance l'augmentation de la sortie du potassium. Après une autre fraction de seconde lors de laquelle les neurones déchargent allégrement, la quantité de transmetteur présent dans les synapses diminue en raison du retour à la normale de la fréquence de décharge ; le cycle recommence.

Cette description très brève et approximative des événements dont les cellules nerveuses du cortex cérébral sont le siège durant le sommeil à ondes lentes sert simplement à mettre en évidence les prévisions de la théorie du complexe conscient. Pour quelle raison la conscience est-elle réduite lors de cette phase du sommeil ? Plusieurs possibilités nous viennent tout de suite à l'esprit. Selon la plus évidente, l'interruption de l'activité nerveuse qui a lieu chaque seconde, l'espace d'une fraction de seconde, s'accompagnerait d'une interruption correspondante de la conscience. Un peu comme si lors du sommeil à ondes lentes, le flux de la conscience était sans cesse suspendu ; le long-métrage du rêve subirait constamment des interruptions et l'on ne pourrait plus rien comprendre à ce qui se passe.

Ainsi, la phase de silence de l'oscillation lente serait responsable de l'interruption continuelle et de la fragmentation de la conscience durant le sommeil. Mais, d'après la théorie, la disparition de l'expérience consciente n'est pas liée au fait que les neurones corticaux cessent de décharger des impulsions nerveuses. Si les neurones font partie d'un complexe de complexité élevée, leur silence est aussi éloquent que leur décharge. En effet, le silence et la décharge précisent juste *l'état* particulier dans lequel se trouve le complexe conscient à un moment donné[6]. Le *degré* de complexité/conscience ne dépend pas de ce que les neurones font mais plutôt de ce qu'ils *peuvent* faire[7].

La réduction de l'expérience consciente dépend en effet des changements de *potentialités* des neurones corticaux durant les phases de silence du sommeil à ondes lentes. Durant ces phases-là, les neurones corticaux ont plus de mal à atteindre le seuil de décharge en raison des différents facteurs évoqués ci-dessus. Ils finiront donc par « répondre » de la même façon – ou bien par rester silencieux – à un grand nombre d'entrées quelles qu'elles soient et qui, durant la veille, produiraient des réponses différenciées. L'information effective entre les parties du cerveau se trouve réduite ; la complexité et la conscience le sont par conséquent aussi.

Cette prévision de la théorie a un goût décidément étrange, même pour Galilée. Convaincre les neurocognitivistes que la conscience ne dépend pas de ce que les neurones font mais de ce qu'ils *peuvent* faire n'est pas chose aisée. Les rares neurocognitivistes se risquant à enquêter sérieusement sur les bases neurales de la conscience, affirment sans la moindre hésitation l'importance fondamentale de l'état des neurones à un moment donné – c'est-à-dire l'importance de ce que les neurones font. Ils se demandent si la conscience dépend de l'activité de tels ou tels neurones, si les neurones en question déchargent d'une façon particulière – à fréquence élevée, par oscillations rapides, en synchronisation, par brèves explosions d'activité et ainsi de suite[8]. Ils réfléchissent à ce que les neurones doivent faire pour donner naissance à la conscience, sans concevoir une seconde que celle-ci dépend de ce que les neurones peuvent faire et non pas de ce qu'ils font.

D'après eux, en tant que bons réalistes et matérialistes, seul ce qui arrive est réel ; le possible n'est pas réel, ni même actuel. C'est pourtant, comme Galilée pourra le constater au terme de cette leçon, l'essence même de la matérialité qui nous le prouve.

COMPLEXES DANS L'ÉVOLUTION

Si les neurocognitivistes les plus reconnus étaient soumis à une interrogation écrite, il y aurait une manière très simple de les mettre dans l'embarras. Il suffirait de leur poser certaines questions comme par exemple : à quel âge un enfant commence-t-il à être conscient de la douleur ? Quels animaux éprouvent cette sensation ?

Ontogenèse

De nombreux médecins soutiennent que les nouveau-nés, même s'ils crient, n'ont pas conscience de la douleur. Il y a peu de temps encore, la circoncision était donc faite sans précaution analgésique particulière. Certains naturellement ne supportent pas cette indifférence à l'égard de la souffrance des nouveau-nés sous prétexte simplement qu'ils ne peuvent pas parler. Qui a raison ? Si le nouveau-né ne peut pas parler, l'adulte peut le faire et pourrait se souvenir de cette douleur, d'autant plus si elle a été forte. Mais l'adulte en règle générale ne s'en souvient pas. La soi-disant amnésie infantile, jusqu'à l'âge d'environ trois ans, fait en sorte que les douleurs, les blessures et les maladies ne laissent aucune trace dans notre conscience d'adulte.

Selon d'autres points de vue, la douleur n'a jamais franchi le seuil de la conscience infantile car, à cet âge, la conscience n'existe pas. Ainsi commencent d'interminables discussions. Certains soutiennent que la conscience apparaît seulement avec la conscience de soi, quand l'enfant se reconnaît comme sujet – la perception de la douleur existerait seulement à partir du moment où l'on pourrait se référer à soi. Certains affirment que tout dépend du développement du langage – le langage engendre la conscience de soi et celle-ci engendre la conscience. D'autres soutiennent au contraire que le langage et la conscience de soi servent seulement à conserver la mémoire d'un épisode conscient de l'enfance, mais que la conscience existe déjà. Il semble en effet impensable qu'un enfant de seize mois coure et joue sans voir ni sentir, en se comportant pourtant comme si c'était le cas, et que quelques mois plus tard son monde se soit peuplé de formes, de couleurs, de sons mais aussi de joie et de douleur. Selon d'autres enfin, la conscience sans la mémoire est un concept dénué de signification et contradictoire. Pour ces derniers, souffrir sans pouvoir se souvenir de cette souffrance équivaut à ne pas souffrir du tout.

Paradoxalement, l'accumulation d'autres données ne permet pas de résoudre ce type de controverses. D'autres questions sur le développement ont par contre des réponses assez claires. Tout le monde sait à quel âge les enfants commencent à marcher ou à parler. Les psychologues ont étudié de manière approfondie l'âge auquel les enfants apprennent à résoudre des problèmes et à se souvenir d'épisodes passés. Nous pouvons même répondre à des questions sur la conscience de soi. Nous savons par exemple que les enfants commencent à se reconnaître dans un miroir vers dix-huit mois. Nous savons aussi beaucoup de choses sur le développement du cerveau : ce dernier, à l'origine, se présente sous la forme grossière d'un tube allongé, puis se replie, se gonfle, s'épaissit, se stratifie, se complique, laisse les cellules nerveuses se multiplier, migrer et étendre leurs connexions de façon proche ou éloignée. Le cerveau commence par contrôler les membres avec peine, un peu au hasard, puis son activité s'intensifie et se précise, il passe de nombreuses heures dans un état semblable au sommeil, affine les connexions entre ses différentes régions, pousse ses cellules à être de plus en plus sélectives et efficaces, et recouvre ses fibres nerveuses d'une couche de graisse isolante – la myéline – afin que les impulsions se déplacent plus rapidement. Nous commençons même à connaître les gènes et les molécules essentiels à la formation de cette sublime architecture.

Face à un tel savoir, la question restée encore sans réponse concerne paradoxalement l'âge auquel les enfants ont leurs premières expériences conscientes, même les plus banales – de couleurs, de sons ou de douleurs. Personne n'est parvenu à savoir à quel moment le propriétaire – l'esprit du lieu – fait son entrée dans ce chef-d'œuvre architectural. Il s'agit pourtant d'un événement capital, plus important que la capacité à parler ou à marcher, plus important même que l'ultime souffle de vie. Car de même que la mort est cérébrale, la lumière sur le monde apparaît non pas avec la vie, mais avec la conscience.

Mais quand apparaît-elle ? Ce ne sont pas les données qui manquent mais une approche théorique adéquate. En effet, avec l'appui de notre théorie, nous pouvons affronter ce problème de manière radicalement différente. La théorie du complexe conscient identifie la conscience à la complexité dans le sens d'intégration de l'information, et la complexité est une quantité mesurable. C'est pourquoi, théoriquement, pour connaître le degré de conscience d'un cerveau en développement, il suffit de connaître le degré de complexité du complexe principal situé dans le cerveau d'un enfant.

Mesurer les complexes et la complexité est loin d'être une opération facile en pratique, sachant qu'il faudrait perturber de toutes les façons possibles les entrées venant de la moitié d'un système pour observer le nombre de réponses de l'autre moitié, le tout répété pour toutes les moitiés possibles. De façon plus réaliste, la complexité d'un cerveau en développement sera mesurée non pas sur un cerveau réel mais de nouveau grâce à un cerveau simulé par ordinateur. Nous pourrons alors établir par exemple si la spécialisation progressive des connexions nerveuses est suivie d'une augmentation significative de la complexité, ou si la myélinisation des fibres allant d'un bout à l'autre du cerveau permet la formation d'un complexe plus grand de complexité plus élevée.

Toutefois, comme nous l'avons vu, nous pouvons obtenir une estimation approximative de la complexité/conscience d'un système de façon indirecte, en observant le répertoire de réponses différenciées susceptibles d'être données par l'ensemble du système à des entrées venant de l'extérieur[1]. Si le système peut répondre différemment à un grand nombre de situations, la complexité sera vraisemblablement élevée. Si par contre le système n'est pas capable d'effectuer un grand nombre de distinctions, il ne sera pas particulièrement complexe. La différence entre Galilée et la photodiode est d'ailleurs apparue en observant dans quelle mesure ils savaient répondre de manière personnalisée à un grand nombre de situations différentes.

La complexité croît donc probablement durant l'ontogenèse, parallèlement au nombre de distinctions dont le cerveau en voie de développement est capable. Il n'est pas très difficile non plus d'élargir le répertoire des états de conscience d'un cerveau adulte. Il suffit, comme on dit, d' « affiner son goût ». Une personne sachant à peine distinguer le vin blanc du vin rouge peut apprendre progressivement à reconnaître des variétés, des producteurs et parfois des millésimes. De même, lors de l'apprentissage d'une langue étrangère, quand nous apprenons à distinguer des sons en apparence identiques. Un homme dispose naturellement d'un nombre extrêmement grand d'expériences conscientes : en ajouter des milliers à force d'études et de concentration représente par conséquent peu de chose en termes absolus. Mais du fœtus au nouveau-né, puis de l'enfant à l'adulte, le répertoire se développe extraordinairement.

Si nous ne pouvons pas encore savoir à quel moment précis un enfant devient conscient de la douleur, la théorie du complexe conscient nous permet toutefois certaines considérations pertinentes. La conscience n'est pas un phénomène du genre « tout ou rien » ; sa croissance est vraisemblablement progressive. Nous observerons notamment des accélérations ayant probablement lieu en concomitance avec certaines phases critiques du développement : le nombre de distinctions possibles et, par conséquent, la complexité grandiront par exemple très rapidement avec l'apparition du langage. En outre, la grandeur du répertoire comportemental peut être perçue comme une indication approximative du répertoire des expériences conscientes, et donc du degré de conscience.

Phylogenèse

Tout comme la conscience des enfants, la conscience des animaux peut facilement poser des problèmes aux scientifiques. Quels animaux en effet éprouvent de la douleur ? Nous ne parlons pas de douleur morale ni d'angoisse existentielle mais de la douleur causée par une brûlure de la peau, que les hommes craignent comme les animaux. Le problème principal, c'est évidemment que ces derniers ne parlent pas. Et nous sommes habitués à attribuer une conscience à celui qui parle. En l'absence de langage, nous rencontrons tout de suite des difficultés, et les opinions varient considérablement.

Si l'on demande une opinion informelle, la majeure partie des gens semblent croire que les objets inanimés ne sont pas conscients et que seuls certains êtres humains le sont. De rares personnes pensent que les bactéries, les champignons ou les plantes sont conscients. Les vers et les sangsues jouissent de peu de sympathie. Mais les poissons, les amphibies et les reptiles entraînent de grandes discussions. Quand on passe aux oiseaux et aux mammifères, les discussions s'enflamment. D'après le propriétaire d'un cheval ou d'un chien, il est impensable que ces derniers n'éprouvent pas de douleur. À l'opposé, d'après certains scientifiques, même les grands singes n'en éprouvent pas[2].

Les raisons de cette incertitude au sujet de la conscience des animaux sont claires. Tant que nous ne disposons pas d'une théorie prescrivant une méthode fondée pour mesurer la conscience, nous sommes obligés de raisonner par analogie ; or, dans la phylogenèse, les analogies les plus convaincantes ne tiennent pas debout. La théorie du complexe conscient offre une méthode précise, bien qu'elle soit d'exécution difficile, pour régler la question. Nous devons donc évaluer par des expériences, ou mieux encore par des modèles sur ordinateur, si le cerveau de l'espèce en question contient un ou plusieurs complexes de complexité élevée.

Cette théorie est en parfait accord avec l'intuition générale concernant les bactéries, les plantes et les champignons. Sans cerveau, les chances de trouver des complexes dignes de ce nom sont plutôt rares. Dans le cas des vers et des sangsues, on compte entre quelques centaines et quelques milliers de neurones, nombres qui ne promettent guère de grands complexes.

Mais déjà à partir de certaines espèces d'insectes, de céphalopodes comme la pieuvre, et des vertébrés, nous commençons à rencontrer des cerveaux ayant un nombre considérable de neurones et de connexions nerveuses. Des complexes décents ont de plus en plus de chances d'exister.

Pourtant, comme nous le savons, même si une complexité élevée nécessite de grandes quantités, celles-ci ne sont pas suffisantes : il suffit de se rappeler le cas du cerveau et du cervelet. Le cerveau de la pieuvre ressemble-t-il davantage au cervelet ou au système thalamo-cortical ?

Ou est-il différent des deux ? Considérons en outre le cas de certains poissons pour lesquels les voies visuelles, gustatives, tactiles et olfactives semblent séparées en canaux indépendants pouvant contrôler le comportement de façon autonome – un peu comme les patients au cerveau divisé. Que trouverait-on ? Une série de petits complexes au lieu d'un grand complexe dominant, et ainsi une conscience fragmentaire ?

Même si les données de neuroanatomie comparée ne sont en général pas suffisamment détaillées pour nous permettre de construire des modèles sur ordinateur afin d'estimer la complexité, il ne s'agit pas en principe d'une tâche impossible. La théorie du complexe conscient fournit une bonne méthode pour établir dans quelle mesure la pieuvre est consciente. Si nous avions une idée assez précise de sa neuroanatomie, de la vitesse et de l'efficacité des interactions entre ses neurones, nous pourrions aussi établir quel effet ça fait d'être une pieuvre[3].

Pour les espèces plus connues, comme les chiens, les chats et les singes, nous pouvons déjà affirmer, en connaissance de cause, qu'ils possèdent un système thalamo-cortical assez semblable au nôtre d'un point de vue neuroanatomique. En effet, même si le cortex cérébral de l'homme est encore plus riche en termes de spécialisations fonctionnelles, l'organisation est fondamentalement la même. Par conséquent, si le cortex thalamo-cortical de l'homme peut abriter un complexe conscient, celui d'un chien, d'un chat et d'un singe devrait lui aussi pouvoir le faire, avec toutefois des niveaux de complexité probablement plus faibles. Cette conclusion prévue par la théorie est non seulement en accord avec les données expérimentales mais aussi avec le bon sens.

CHAPITRE 11

COMPLEXES MALADES

Comment pouvons nous vérifier qu'un être humain est conscient ou non ? D'habitude, le problème ne se pose pas, excepté pour quelques philosophes. Partons de la prémisse que nos semblables sont conscients. Comme ils nous ressemblent physiquement, leurs expériences subjectives doivent ressembler aux nôtres. Elles ne seront peut-être pas exactement les mêmes, tout comme les yeux ou le nez, mais nos semblables ont sans aucun doute plus ou moins la même perception des formes et des couleurs que nous.

Mais si nous sommes confrontés à un homme étendu sur l'asphalte, immobile, les yeux fermés et couvert de sang, il est soudain plus difficile d'établir s'il est conscient ou pas. Savoir s'il est en vie est certainement plus facile. Il suffit d'écouter son cœur ou de prendre son pouls. Mais la conscience ? Si l'homme parlait, nous n'aurions aucune hésitation. S'il disait ne serait-ce que quelques mots, nous serions immédiatement rassurés. De même s'il faisait des tentatives de mouvement volontaire ou s'il bougeait les yeux comme pour regarder. Mais s'il reste muet et immobile, le regard fixe sous des paupières baissées ? Un bon neurologue sait par expérience qu'il existe certains indices précieux et généralement dignes de confiance. L'individu répond-il aux stimuli de douleur ? Les réflexes sont-ils normaux ? Après un bref examen, le neurologue nous dira si l'homme a perdu conscience ou non.

Mais même le meilleur des neurologues sait que, dans certains cas, le doute peut subsister. Les instruments permettant d'évaluer si l'homme est toujours conscient donnent seulement des indices : aucune preuve incontestable et irréfutable de conscience n'existe. La capacité de parler est naturellement un bon indice mais il n'est pas sûr qu'une personne parlant lors de son sommeil le fasse en toute conscience et non pas simplement par automatisme. La réponse à la douleur est elle aussi un indicateur assez digne de foi, mais parfois inadéquat. Elle disparaît souvent quand un sujet est plongé dans un coma profond, mais les membres d'un homme paralysé peuvent se retirer pour éviter un stimulus nocif même si le patient ne ressent absolument rien. Les mouvements « volontaires » représentent eux aussi des indices utiles dans les cas normaux. Mais les somnambules sont-ils conscients ? Ce n'est pas évident. Et les patients hystériques qui, surtout le siècle dernier, s'exhibaient dans de longues séances d'écriture automatique en niant ensuite en avoir été conscients, l'étaient-ils ou non ? D'un autre côté, l'absence de mouvement volontaire n'indique pas nécessairement l'absence de conscience. La conscience est par exemple présente et animée lors du sommeil, mais le corps est paralysé. Dans certains cas malheureux, cela peut aussi arriver à l'état de veille.

La médecine présente un festival d'horreurs qui devraient bouleverser les plus confiants et les plus optimistes. Parmi ces exemples existe le soi-disant syndrome de Monte-Cristo, tiré du récit de Dumas, dans lequel Nortier est complètement muet et paralysé à cause d'un infarctus ayant lésé certaines parties du tronc de l'encéphale. L'homme, comme on dit en neurologie, est « locked-in ». Il est vivant mais ne peut pas le montrer. Il voit mais ne peut agir. Il ressent des choses mais ne peut pas répondre. Il souffre mais ne peut crier. Il peut être assailli par la douleur et persécuté par des angoisses, mais il ne peut même pas trembler. Muet et immobile, il observe tout ce qui lui arrive avec une parfaite lucidité mais aussi dans une complète impuissance. Nous le savons car, dans certains cas, il arrive encore à bouger une paupière. Dans *Le Comte de Monte-Cristo*, Nortier pouvait, grâce à cette paupière, indiquer à celui qui lui montrait les lettres de l'alphabet une par une la prochaine lettre du mot qu'il tentait de communiquer avec une lenteur exténuante. De la même façon, un patient atteint par ce syndrome a pu dicter ses conditions de vie lors de ses derniers mois[1].

Les neurologues savent que les indices les plus importants en cas de doute sont tirés de l'examen des fonctions cérébrales. Si le cerveau est touché de façon irréparable, la conscience disparaît. Mais si certaines zones seulement sont touchées, il est difficile de savoir si le cerveau abrite encore quelqu'un ou son moignon. L'électroencéphalogramme est souvent le plus utile pour établir si un cerveau fonctionne. Les patients atteints du syndrome « locked-in » ont par exemple un électroencéphalogramme tout à fait normal. Mais il existe de nombreux cas où celui-ci et le comportement du sujet sont ambigus ; savoir si la conscience est encore présente, et dans quelle mesure, reste alors un mystère. Il existe des syndromes comme le mutisme akinétique, le coma vigile, l'épilepsie psychomotrice et beaucoup d'autres, où le mouvement des yeux se dissocie de la capacité à parler et agir, et où subsistent certains fragments de comportement intelligent, des restes d'activité cérébrale normale mélangés à des activités paroxystiques, des îlots de cerveau restés intacts lors du naufrage des cellules nerveuses. Aucun individu, même parmi les plus brillants, ne peut se vanter de connaître l'effet que ça fait d'être un patient victime d'un de ces syndromes[2].

Une fois de plus, une théorie de la conscience est nécessaire pour espérer établir de façon fiable le degré de conscience dans des cas si compliqués. Ces cerveaux altérés abritent-ils des complexes de complexité élevée ? Et cette complexité est-elle comparable à celle d'un homme plongé dans un sommeil à ondes lentes ou à celle d'un homme éveillé ? Une théorie de la conscience ne peut pas épuiser les richesses de la biologie ni en adoucir les horreurs. Mais elle peut nous permettre de déterminer si le prisonnier d'un crâne, promis à la joie ou à la douleur, est présent.

CHAPITRE 12

AUTRES COMPLEXES

Galilée a suivi attentivement les cas considérés jusqu'à maintenant. La théorie du complexe conscient explique de façon plausible les raisons pour lesquelles la conscience est associée au cerveau et non pas au cervelet, durant l'état de veille et un peu moins lors du sommeil à ondes lentes. Elle semble fournir en outre une méthode fiable pour affronter des questions épineuses, pour évaluer par exemple le degré de conscience au cours du développement du fœtus jusqu'à l'adolescence, chez la sangsue et le dauphin, ou encore chez des patients souffrant de syndromes neurologiques d'interprétation difficile.

Mais si la complexité/conscience est d'après cette théorie une quantité exprimable par un nombre, certains corollaires en découlant peuvent laisser perplexes. On court le risque, par exemple, de la retrouver partout. Le cerveau humain a sans aucun doute plus de complexité/conscience que le cervelet, que la moelle épinière, que le cerveau d'un singe, d'un chien ou d'un chat ; le cerveau d'un chat a plus de complexité/conscience que celui d'une mouche qui à son tour en a plus que celui d'une sangsue. Mais si la complexité/conscience est un nombre, alors même la moelle épinière et les sangsues devraient avoir un certain degré de complexité et donc de conscience, un degré certes réduit mais un degré de conscience quand même.

Nous pouvons aller plus loin encore. Des formes de vie pourtant dépourvues de cerveau, comme les méduses, sont capables d'intégrer une certaine quantité d'informations et auraient par conséquent une petite quantité de complexité/conscience. Les plantes aussi. Et peut-être même les bactéries, ou pourquoi pas n'importe quelle autre cellule humaine ou végétale. Les cellules découvertes grâce au microscope ne sont-elles pas les constituants élémentaires de tous les êtres vivants ? s'exclame Galilée. Et ne fonctionnent-elles pas comme de petits cerveaux ayant des millions de molécules qui interagissent d'une manière précise ? Pourquoi ne pas considérer ces molécules comme des neurones et les réactions chimiques entre elles comme des messages nerveux ? Chaque être vivant devrait donc avoir un peu de complexité/conscience tout comme chacune de ses parties et chacune de ses cellules. La matière non vivante aussi d'ailleurs ; il suffirait que ses parties interagissent entre elles de façon causale. Tommaso Campanella disait :

« Dans le monde [...] tout est sens, vie, âme et corps. [...] Tant de morts et de vies se font en lui qu'elles servent à sa grande existence. Le pain meurt en nous et se fait chyle, puis celui-ci meurt et se fait sang, puis le sang meurt et se fait chair, nerf, os, esprit, semence et subit diverses morts et diverses vies, douleurs et voluptés [...][1]. »

Ou peut-être y a-t-il au contraire un seuil au-dessous duquel la complexité est complexité sans être conscience et au-dessus duquel les deux vont de pair ? Exclusiviste comme il l'était, Descartes aurait aimé cette idée. Mais Galilée trouve qu'elle manque de subtilité. Ou bien la conscience et la complexité représentent la même chose, deux noms différents donnés à la même propriété fondamentale, ou bien, un certain seuil atteint, quelque chose de nouveau se produit mais il faut alors expliquer ce dont il s'agit.

La complexité/conscience varie probablement de façon continue et progressive. Quand nous sortons d'un sommeil profond et sans rêve, la conscience réapparaît progressivement ; de même, quand nous sortons d'une anesthésie ou quand nous reprenons connaissance après avoir perdu nos sens. Nous émergeons d'un état dans lequel il existe pour nous bien peu de chose pour entrer dans un état nébuleux où nous esquissons quelques distinctions, où nous commençons à percevoir confusément. L'expérience se transforme progressivement en reprenant peu à peu un sens – le répertoire d'expériences différentes possibles s'accroît et le contenu d'information de chacune d'elles grandit proportionnellement. L'opposé se produit quand l'expérience se dissout et que nous dormons d'un sommeil profond ; il sera évidemment plus difficile d'en parler.

Le degré de conscience peut donc augmenter et diminuer, il peut même se réduire jusqu'à ce que nous ne sachions plus si nous sommes conscients ou pas, chose tout à fait logique puisque, en général, la conscience réfléchie (la conscience d'être conscient) est la première à disparaître. Il est par conséquent difficile d'estimer le degré de conscience quand celle-ci descend sous un certain niveau. Nous pouvons tenter d'évaluer ce niveau de façon introspective. Mais il faut être très prudent avec l'introspection, d'autant plus quand elle concerne un sujet sur le point de plonger dans un sommeil profond. Nous pouvons déterminer si nous sommes conscients, mais nous ne pouvons pas nécessairement connaître la valeur absolue de la conscience. Comment se sent-on avec un dixième de la conscience que l'on a quand on est éveillé et conscient d'être conscient ? Ou un centième, un millième, un millionième ? Et quelle fraction de conscience correspond au moment où nous sommes profondément endormis, anesthésiés ou privés de nos sens ?

Nous ne connaissons pas encore la réponse à ces questions, mais la théorie du complexe conscient indique le chemin à suivre. Si nous pouvions démontrer que lors d'un sommeil profond et sans rêve – dont nous nous réveillons sans pouvoir dire si nous étions conscients de quelque chose –, la complexité représente moins d'un millième de celle mesurée en état de veille, nous pourrions en tirer deux conclusions assez utiles. La première, que la conscience n'a pas disparu complètement mais se trouve simplement réduite au point de devenir presque insignifiante – notre monde et nous-mêmes n'existons plus assez, en ce qui nous concerne, pour nous faire regretter notre disparition. La seconde, que si la complexité du cervelet, de la moelle épinière, des anchois et des sangsues est beaucoup plus petite que celle de notre cerveau lors d'un sommeil profond et sans rêve, nous n'aurons probablement jamais à nous préoccuper de l'effet que ça fait d'être une sangsue.

Conscience et société

Comme l'observe Galilée par la suite, certains corollaires de la théorie sont encore plus étranges. Si la conscience d'une sangsue représente peut-être peu de chose comparée à celle de l'homme et si chaque conscience animale pâlit devant celle du cerveau humain éveillé, où est-il écrit que la conscience doit être confinée aux cerveaux individuels ? Pourquoi les termitières ou les fourmilières ne devraient-elles pas en jouir ? Celles-ci contiennent en effet autant de termites et de fourmis que le cerveau de cellules nerveuses, et elles communiquent entre elles de façon si intense qu'on pourrait considérer la termitière comme le tabernacle de leur esprit, à l'instar du cerveau pour l'esprit humain. Et pourquoi un grand pays comme la Chine, dont la population d'après le père Matteo Ricci grouille davantage que des fourmis dans une fourmilière, n'aurait-il pas un niveau de conscience plus élevé qu'un individu isolé[2] ?

Comment, après tout, en tant que simples maillons d'un engrenage, pourrions-nous savoir si une vaste organisation dispose d'une conscience ? Galilée se souvient d'un autre extrait de Tommaso Campanella :

« Tous les animaux vivent à l'intérieur du monde comme les vers à l'intérieur de l'animal ; ils pensent qu'il ne ressent rien, tout comme les vers dans notre ventre pensent que nous ne ressentons rien et que nous n'avons pas une âme plus grande que la leur. Ils ne sont pas animés par l'âme commune et bienheureuse du monde ; au contraire, chacun d'eux est animé par une âme solitaire qui, tout comme celle des vers qui sont en nous, ignore l'existence des autres[3]. »

Galilée a raison. Pourquoi plus d'un milliard de Chinois en communication peut-être par Internet, ou Internet, même dans sa surabondance incontrôlée, ne constitueraient pas un substrat idéal pour l'intégration de l'information ? Et un ordinateur capable d'accomplir des milliards d'opérations par seconde sur un très grand nombre de données ? Si la conscience est simplement complexité, nous la trouvons apparemment beaucoup plus souvent que le bon sens n'est prêt à l'admettre.

Mais Galilée ne doit pas oublier le cervelet. Il est inutile de faire appel à Internet ou aux ordinateurs pour se souvenir qu'être constitué de milliards de composants capables de communiquer entre eux ne suffit pas pour garantir la formation d'un complexe de complexité élevée. Dans le cas du cervelet, celui-ci ne constitue pas un grand complexe car malgré ses cinquante milliards de neurones et ses connexions encore plus nombreuses, il ne dispose pas de fibres associatives permettant aux différents modules de communiquer entre eux. Dans le cas d'Internet, même en ignorant le fait que ceux qui communiquent sont en réalité des êtres humains conscients et non pas des ordinateurs autonomes échangeant des messages les uns avec les autres, nous ne pouvons certainement pas considérer ce réseau comme un complexe de complexité considérablement élevée. Certes Internet est un immense réseau, mais chaque ordinateur peut communiquer avec un autre sans pour autant que la complexité résultante soit importante. On peut simuler des réseaux neuraux dans lesquels chaque élément est relié à un autre, mais, si les connexions ne sont pas différenciées, la complexité résultante sera alors minime. On peut aussi simuler le fonctionnement d'un réseau d'après une carte d'Internet comme s'il s'agissait d'un réseau neuronal. On découvre alors que ce réseau, en apparence très dense, ne constitue pas un complexe de complexité élevée mais se décompose en un grand nombre de complexes de petites dimensions. La relation entre l'anatomie d'un réseau et sa complexité est loin d'être simple[4].

Conscience artificielle

Soit ! concède Galilée. Mais si Internet et les ordinateurs n'ont pas la bonne architecture, nous pouvons en théorie en inventer une adéquate. Admettons que la conscience et la complexité représentent réellement la même chose. Si nous inventons alors un réseau doté des propriétés requises, spécialement conçu pour atteindre des valeurs élevées de complexité, nous pourrons par conséquent produire la conscience, une conscience artificielle.

La conclusion de Galilée est cette fois tout à fait justifiée. Si la théorie du complexe conscient n'est pas complètement erronée, il devrait être possible en principe de créer une conscience artificielle. Mais il ne suffit pas d'amasser un paquet d'éléments et de connexions très rapides, il faut surtout avoir la bonne recette. Les ordinateurs actuels et les automates construits sur les modèles conventionnels d'ordinateurs n'ont certainement pas été conçus en la suivant. Ils sont compliqués mais pas nécessairement complexes. Si nous nous en tenons à la théorie, tous nos efforts devraient viser à garantir la formation d'un complexe de complexité élevée. Ce n'est certes pas facile, mais ce n'est pas non plus impossible.

Nous ne serions pas étonnés que la conscience puisse être créée à partir d'ingrédients simples convenablement organisés. Après tout, elle apparaît chaque fois que naît un embryon et qu'il grandit jusqu'à devenir un homme adulte. C'est certes sublime, mais ça n'a rien de magique.

CHAPITRE 13

GALILÉE PHILOSOPHE

Avant d'être biologiste, Galilée est physicien et mathématicien. Après avoir patiemment examiné si l'équivalence entre conscience et complexité peut s'accorder avec ce que nous savons sur l'organisation du cerveau humain, sur son développement, sur la conscience chez les animaux et les troubles de la conscience, Galilée veut maintenant aborder des questions plus théoriques. Car la théorie soulève des questions intéressantes – même philosophiques, Dieu m'en garde ! s'exclame Galilée – nous sommes des scientifiques, pas des philosophes, et pourtant...

Nous avons longuement parlé de complexes, de complexité, de mipartitions de sous-ensembles d'éléments, mais nous n'avons jamais pris la peine de préciser si les éléments en question étaient des atomes, des molécules, des cellules, des zones cérébrales, des cerveaux entiers, des organismes, des villes, des planètes ou des étoiles. Pis encore, si nous avons négligé les difficultés pratiques relatives à la mesure de la complexité et des complexes, nous avons même oublié une question théorique de haute importance : le répertoire des états sur lequel nous mesurons la complexité est-il évalué en fractions de seconde, en minutes, en jours ou en années ?

En outre, toute la charpente théorique du complexe conscient repose sur le concept d'information effective, mais ce concept cache des pièges philosophiques redoutables. Que dire du fait que l'on doit savoir, pour calculer l'information effective, comment un système *pourrait* répondre *à toutes les perturbations possibles* ? La conscience ne dépendrait pas par conséquent de ce qui est mais de ce qui pourrait être ? Ma conscience, à ce moment précis, dépendrait de la façon dont mon cerveau pourrait répondre à toutes les perturbations possibles, sachant de plus que la très grande majorité de celles-ci n'auront jamais lieu ? Tout cela semble étrange.

Est-ce vrai par ailleurs que nous ne connaissons pas et ne connaîtrons jamais le monde extérieur pour ce qu'il est, mais seulement à travers la façon dont notre cerveau l'imagine ? Qu'à chaque instant l'information n'est pas contenue dans les signaux provenant du monde mais dans les réponses correspondantes de notre cerveau ? Que le monde que nous voyons est le monde dont nous rêvons, et non pas l'inverse ?

Espace, temps et complexité

Le premier doute de Galilée concerne deux dimensions qu'il maîtrise plutôt bien : l'espace et le temps. Selon lui, nous devons commencer par nous occuper du rapport existant entre les valeurs de complexité du système qui nous intéresse et ses caractéristiques physiques en rapport avec le temps et l'espace. Même si, à première vue, il semble naturel de calculer la complexité en considérant comme éléments spatiaux les neurones isolés et comme intervalles temporels les moments d'interaction entre neurones, cela n'exclut pas le fait que, d'un point de vue mathématique, le choix des éléments pour calculer la complexité est totalement arbitraire.

Même si Galilée ne se sent pas encore tout à fait à l'aise avec les dilemmes de la neurobiologie, il commence sans trop grande difficulté à bien les exploiter. Pourquoi ne pas considérer comme élément primaire un élément plus petit qu'un neurone, comme par exemple les molécules dont il est constitué ? Ou au contraire quelque chose de plus grand, comme les minicolonnes formées par des centaines de neurones interconnectés et situées dans le cortex cérébral ? Galilée a parfaitement raison. Pourquoi pas ? D'autant plus que les neurobiologistes sont encore dans la plus grande incertitude face à l'unité naturelle du fonctionnement du système thalamo-cortical. Il est si vaste et si compliqué que la décharge d'un neurone isolé ne produit que très peu d'effet, à moins bien entendu qu'elle ne soit accompagnée par celle de cent autres neurones à proximité. Ce n'est pas un hasard si les neurones d'une même zone partagent très souvent les entrées et les sorties, et s'ils déchargent en groupe, à l'unisson. Peut-être devrait-on considérer ces groupes neuronaux comme unités élémentaires ?

Nous ne connaissons pas non plus les constantes de temps « naturelles » du système. Chaque impulsion nerveuse dure plus ou moins un millième de seconde. Leur fréquence moyenne change souvent par périodes de quelques centaines de millisecondes. D'autres aspects de la décharge nerveuse changent par périodes plus longues. Des millièmes ou des centièmes de seconde ? Des secondes ou des dizaines de secondes ? Quelle est la constante de temps de la conscience ?

Galilée a un moment de désarroi, rien de plus naturel. Il a en effet compris que, selon les unités spatiale et temporelle, la valeur de la complexité et les limites des complexes changeront de façon significative. Mais hélas, si la complexité dépend du choix de ces unités, nous avons à faire à un nombre qui n'a plus aucun sens physique ! Or, si la complexité est conscience, elle ne peut certainement pas avoir une valeur arbitraire ! Ma conscience ne peut pas dépendre, à ce moment précis, de la façon dont nous choisissons les unités de temps et d'espace. Galilée est conscient, un point c'est tout ! Et ce, indépendamment des unités de référence. Tout son travail et son enthousiasme seraient donc condamnés à s'écrouler comme un banal château de cartes ?

Galilée se reprend bien sûr très rapidement. C'est précisément au moment où tout semble perdu qu'il parvient à entrevoir une solution. En effet, en mesurant la complexité avec des unités spatio-temporelles différentes, nous comprendrons quelle est la plus appropriée pour subdiviser un système. Un obstacle redouté peut vite se transformer en qualité appréciable. Il suffit en effet de mesurer la complexité et les complexes avec des résolutions spatiale et temporelle différentes. Celles qui donnent la complexité de valeur maximale et les complexes correspondants indiqueront la meilleure façon de subdiviser le système.

Si, par exemple, la complexité atteint une valeur maximale avec des neurones isolés, ces derniers constitueront les unités élémentaires de l'intégration de l'information. Si elle augmente au contraire avec des minicolonnes de neurones, celles-ci seront par conséquent à leur tour les unités naturelles de l'intégration de l'information.

La même logique vaut pour l'unité temporelle. Les neurones ont des caractéristiques biophysiques précises, notamment une grande rapidité de transmission des impulsions nerveuses (des millimètres ou mètres par seconde selon le type de fibres nerveuses) et une certaine rapidité de réponse aux impulsions reçues (de quelques millisecondes à quelques centaines de millisecondes). Si, par conséquent, nous perturbions les entrées allant d'une moitié à l'autre du cerveau tout en laissant s'écouler juste un millionième de seconde, il ne se produirait strictement rien. Il faut en effet quelques millièmes de seconde pour que les signaux voyageant le long des fibres nerveuses arrivent à destination, et quelques millièmes de seconde de plus pour qu'ils produisent l'excitation ou l'inhibition des neurones récepteurs. Il faut encore plus de temps pour que les effets de la perturbation se propagent et se manifestent dans un réseau neuronal vaste et compliqué. Il existera donc une constante de temps caractéristique du cerveau et nécessaire pour que les interactions entre ses différentes parties puissent totalement s'effectuer. D'après une analyse des potentiels évoqués, de la microstimulation et de l'enregistrement, la constante de temps en question est comprise entre une fraction de seconde et un maximum de deux-trois secondes[1].

S'il s'agit bien du temps nécessaire pour atteindre des valeurs maximales de complexité dans le système thalamo-cortical, il devrait s'agir aussi du temps de la conscience. Ce n'est donc pas un hasard si les études de psychologie expérimentale en tentant d'établir la durée d'un « instant » de conscience, ou la constante temporelle de la conscience elle-même, ont abouti à des estimations à peu près semblables, allant de quelques dizaines de millisecondes à deux-trois secondes.

Galilée est enfin satisfait mais sa satisfaction prend vite la forme d'un sourire sournois ; une question lui effleure l'esprit. Étant donné que nous parlons du temps, se demande-t-il, est-ce simplement la complexité qui mesure la conscience ou une complexité liée à une unité de temps ? S'agit-il de l'information intégrée ou de la vitesse d'intégration de l'information ? Il y a en effet une petite différence. Imaginons deux systèmes dotés d'une même organisation mais dont l'un des deux serait mille fois plus lent que l'autre. Dans le premier cas, ils auraient la même quantité de conscience même si leur expérience consciente défilait à une vitesse différente. En revanche, si la conscience correspondait à une complexité liée à l'unité de temps, le premier système serait mille fois plus conscient que le second car il réussirait à intégrer plus rapidement la même quantité d'information. Laquelle choisir ? demande Galilée humblement. Mais toutes les questions ne peuvent pas recevoir une réponse brièvement.

Le possible et l'actuel :

masse et conscience

Galilée n'a cessé de sourire du coin des lèvres. Si nous ne voulons pas parler de vitesse, ajoute-t-il, parlons au moins de puissance. Il y a quelque chose d'inhabituel dans la définition de la complexité, surtout quand nous voulons soutenir son équivalence avec la conscience. La complexité dépend de la façon dont chaque moitié d'un système *pourrait* se comporter *si elle était* perturbée de toutes les façons possibles par les entrées venant de l'autre moitié. Elle dépend donc des potentialités du système et se réfère à ce que celui-ci représente en puissance ; ce qu'il fait au moment présent ne l'intéresse pas.

Mais je suis conscient à chaque moment, réfléchit Galilée, un point c'est tout. Et je n'ai certainement pas besoin pour être conscient de savoir si mon cerveau dispose d'un grand répertoire d'états ou non. Il n'y a rien de plus *actuel*, selon le sens philosophique du terme, que l'expérience consciente. Comment l'être conscient à un moment donné peut-il dépendre non pas de ce que le cerveau fait à ce moment-là, mais de ce qu'il pourrait faire s'il était perturbé de toutes les façons possibles ?

Cette perplexité est tout à fait naturelle. Il y a au moins trois façons de répondre à Galilée. La première est d'évoquer son compatriote Giordano Bruno, brûlé sur le bûcher quand Galilée avait trente-six ans. Il ne s'agit pas d'un acte de cruauté gratuite mais d'une réponse à certaines de ses doctrines. « Et ainsi il n'est pas de chose à quoi l'on puisse attribuer l'être sans lui attribuer la possibilité d'être. [...] Acte et puissance sont indissociables, comme actif et passif. » « La substance est puissance[2]. » C'est beau mais obscur.

La deuxième façon de répondre à Galilée est plus précise. La complexité d'un système et donc la conscience dépendent de ce que le système *est*, non pas de ce qu'il *fait*. Mesurer les réponses d'un système à toutes les entrées possibles permet simplement de révéler ses capacités. Il répondra de telle ou telle manière selon sa constitution et sa nature. Par sa nature même, le système a déjà en soi tout ce qui est nécessaire et suffisant pour adapter ses réponses à chaque stimulus possible. Le cerveau de Verdi était déjà ce qu'il était avant même les encouragements de Boito pour la composition du *Falstaff*. Par sa constitution et son état initial, le système détermine complètement, dans la mesure où il peut être déterministe, la façon dont il peut répondre à toutes les entrées possibles. Cette capacité ou disposition à répondre à toutes les entrées est une propriété inhérente au système tout comme son énergie ou sa masse.

Et voici la troisième façon de répondre à Galilée, celle à laquelle il sera le plus sensible. La complexité, et par conséquent la conscience, est une propriété du système aussi actuelle que sa masse. Comment en effet définit-on la masse, la propriété la plus « matérielle » d'un corps ? Galilée, après s'être longuement penché sur la question et en avoir étudié l'évolution à travers l'œuvre de ses successeurs, voit parfaitement où nous voulons en venir. La définition classique de la masse est potentielle et dispositionnelle – la masse d'un corps est classiquement définie comme sa résistance à son accélération par une force ; sa définition est donc fondée sur la façon dont le corps pourrait accélérer s'il était perturbé par la force d'une certaine entité[3]. Et la complexité, ou la conscience ? Elle apparaît comme le degré de différenciation des réponses d'un système à des perturbations. Bien qu'elle soit peut-être plus difficile à évaluer en pratique, il s'agit toujours d'une potentialité.

La conscience d'un corps est donc matérielle ou physique tout comme sa masse. Toutes les deux – conscience et masse – sont définies comme des potentialités ou dispositions d'un système. Et si un corps n'a pas besoin de calculer ses différentes façons de répondre à l'accélération pour avoir une masse, un système d'éléments interactifs n'a pas besoin non plus de calculer ses réponses à tous les stimuli possibles pour avoir une complexité et une conscience. Il est conscient, un point c'est tout ! Pour mesurer la masse, on applique des forces puis on estime des accélérations. Pour mesurer la complexité, on impose toutes les perturbations possibles puis on évalue les réponses différentes du système. Mais avec ou sans calcul, un corps a une masse et un système a une complexité/conscience. Quand on a affaire aux propriétés fondamentales d'un système, le possible est actuel. L'être vient avant le décrire.

Conscience, connaissance et adaptation

Convaincu ou non par cette histoire de masse et de conscience, Galilée a toutefois un dernier moment de perplexité. Si la conscience est complexité et si le rêve de l'astronef a une quelconque valeur, il faut inévitablement comprendre que le monde extérieur en tant que tel est inconnaissable. Cette idée répugne au physicien. Il est impensable que les signaux provenant du monde extérieur ne communiquent rien par eux-mêmes et dépendent des réponses de notre cerveau. Il est par ailleurs inconcevable que toutes nos connaissances sur le monde dépendent de l'état dans lequel nous nous trouvons, parmi tous ceux dont dispose notre cerveau et que notre univers soit, comme le suggère le rêve de l'astronef, un univers solipsiste, une animation parfois convaincante ou étrange, parfois émouvante ou tragique, parfois interminable ou cruellement courte, mais quoi qu'il en soit une simple animation. Ces implications de la théorie ne peuvent pas être vraies.

Une fois de plus, nous avons plusieurs façons de répondre à Galilée. Nous lui rappelons ses lectures lors du voyage dans l'astronef, en particulier Kant et Schopenhauer. Kant avait parfaitement pressenti que le monde comme chose en soi (*Ding an sich*) était inconnaissable. Nous pouvons seulement connaître ce qui se manifeste à notre conscience. Les qualités secondaires de Galilée – les couleurs et les saveurs – ne sont pas les seules à être subjectives. Les qualités primaires chères aux physiciens, telles que la masse et l'étendue, le sont finalement elles aussi.

Mais la meilleure façon de répondre à Galilée est peut-être la suivante : le monde et l'univers que nous connaissons sont à notre image et nous ressemblent. Ils ne sont perceptibles qu'à travers la façon dont ils ont modelé notre cerveau pendant des millénaires, et plus précisément à travers le répertoire des états possibles qu'ils y ont produits et les états particuliers qu'ils suscitent à chaque instant d'éveil. Chaque fois que nous regardons le monde, les signaux perçus ne signifient rien en eux-mêmes, ils ne contiennent aucune information. Celle-ci se trouve uniquement dans l'état du cerveau qu'ils suscitent et qui prend son sens en fonction du répertoire des états disponibles.

Chaque connaissance est par conséquent une adaptation – une adaptation de la structure du cerveau et du corps à celle du monde extérieur. Durant les millénaires de l'évolution et tout au long du développement de chaque individu, la structure du cerveau s'est énormément agrandie et précisée, jusqu'à créer un très vaste répertoire d'états pour que le système soit adapté au monde extérieur. De sorte que, s'il est dans un certain état suite à ses interactions avec le monde, il peut répondre et réagir en offrant des garanties de survie maximales[4].

On ne connaît pas le monde en le reflétant comme un miroir. On le connaît en modelant et en ajustant notre cerveau pour que les lois dont dépend son fonctionnement soient en harmonie avec celles qui gouvernent le monde. Il ne nous est pas donné de savoir quelles sont les lois ultimes qui gouvernent le monde, mais il nous est parfois donné de savoir si nous nous sommes trompés. Le cerveau est un modèle du monde tel qu'il pourrait être, un modèle original dont nous pouvons être fiers, acquis sur des millions d'années, au prix d'immenses sacrifices et d'innombrables pertes, avec la peau de générations d'ancêtres, au terme de leçons épuisantes, à force de guerres, d'éducation, d'écoles et de discussions sans fin ; c'est un modèle construit dans le seul langage qui nous appartienne, celui du cerveau et de sa structure. Et pour savoir à quel point le monde est à l'image de notre cerveau, il suffit de revenir à l'expérience inaugurale de ces leçons. Il suffit de s'endormir et de rêver. Ce dont nous rêvons est ce que nous connaissons et nous ne pouvons connaître que ce dont nous rêvons.

ÉPILOGUE

Galilée est arrivé au bout de ses peines. Lui qui avait réinventé la physique en effaçant toute subjectivité de la nature semble finalement avoir admis que la nature est une création de l'esprit. Ou peut-être ne l'a-t-il admis que sous le poids de la fatigue. À son âge, trois leçons sont éprouvantes – la deuxième d'ailleurs était particulièrement aride. Mais, même fatigué, Galilée a une bonne mémoire, pour ne pas dire qu'il est spécialiste de la mise en évidence des lacunes d'autrui. C'est ainsi que, pour finir, il nous reproche un oubli surprenant : le second problème de la conscience.

En effet, comme le paysan de Kafka face au premier gardien redoutable du château, dans *Devant la loi*, nous avons vite oublié le deuxième gardien et les suivants[1]. Nous étions tellement absorbés par le premier problème de la conscience que nous en avons oublié le second. Comme ce paysan, nous pourrons nous estimer heureux si à la fin de nos journées nous parvenons au moins à l'entrapercevoir.

Mais l'esprit de Galilée est indomptable, il n'envisage pas une minute de déposer les armes face au premier gardien. Il veut pénétrer jusqu'au cœur même de la ville interdite, ne serait-ce que pour y jeter un coup d'œil furtif et goûter la saveur d'une réponse, pour ainsi dire.

Il ne s'agit pas uniquement de curiosité intellectuelle. Nous avons parlé de conscience artificielle et nous avons supposé que si nous parvenions à construire un complexe de complexité élevée, nous produirions *ipso facto* de la conscience. Même si c'était vrai, s'exclame Galilée, même si nous connaissions précisément la quantité de complexité/conscience obtenue, nous ne saurions pas la moindre chose de ses qualités. Galilée se souvient de la question initiale : quel effet ça fait d'être une chauve-souris ? Quel goût a la conscience produite par les zones corticales chargées de la localisation par écho ultrasonique ? Serait-elle visuelle, acoustique ou complètement différente – ultrasonique ?

De même pour la conscience du complexe que l'on aurait construit. Serait-elle visuelle ou acoustique, en couleur ou en noir et blanc ? Aurait-elle des dimensions totalement inconnues comme le parfum des nombres ? Aurait-elle le charme des raisonnements apolliniens des joueurs d'échecs ou serait-elle assaillie par des pensées obsessionnelles ? Serait-elle ridée par les peurs et les espoirs ou s'effondrerait-elle dans l'angoisse impuissante d'un esprit incarné ?

Galilée s'en tient rigoureusement au principe de raison suffisante : il doit y avoir une raison pour que les choses existent d'une certaine façon et pas d'une autre, pour que le rouge ne soit pas bleu, pour qu'une couleur ne soit pas un bruit et pour que la joie diffère de la rage et que toutes deux ne soient pas des vertiges. Mais laquelle ?

Les expériences de pensée nous ont donné une recette pour mesurer le degré ou la quantité de conscience, mais elles ne nous ont pas aidés à en expliquer la qualité – les soi-disant-*qualia* comme l'on dit[2]. Pouvons-nous nous contenter d'une théorie permettant de savoir s'il y a de la conscience mais sans nous dire de quoi ? Galilée insiste et exige au moins un indice.

Mais il n'obtiendra qu'un indice enseveli au beau milieu d'un épilogue. Un indice lui rappelant une possibilité en même temps fascinante et suspecte : la distance entre quantité et qualité n'est peut-être pas si grande que ça. Il sait que la complexité est une mesure permettant de savoir *combien* d'interactions causales différenciées sont possibles au sein d'un complexe et il se souvient bien que, d'après la théorie, la complexité correspond au degré ou à la *quantité* de conscience. Nous lui faisons remarquer qu'il ne faut pas faire un gros effort d'imagination pour pressentir que la *qualité* de la conscience dépend des interactions causales différenciées possibles au sein d'un système.

Et comment pouvons-nous déterminer quelles sont ces interactions ? demande Galilée. C'est très simple, lui faisons-nous remarquer une fois de plus, même si c'est plus facile à dire qu'à faire. Il suffit de perturber chaque élément du complexe de toutes les façons possibles et de mesurer le répertoire des réponses de tous les autres éléments. Nous obtiendrons alors un tableau de l'information effective (dans un sens ou dans l'autre) entre chaque couple d'éléments. En général, il faudra ensuite perturber chacun d'eux et mesurer les effets sur tous les autres, puis perturber chaque triplet, et ainsi de suite jusqu'à obtenir un grand nombre de tableaux. Ces derniers contiendront, implicitement, l'ensemble de toutes les interactions causales possibles au sein du complexe. Or, d'après la théorie, la qualité de la conscience est entièrement déterminée par la configuration de ces interactions causales.

Le mot clé, toutefois, est « implicitement ». Considérons pour simplifier le cas où toute l'information concernant les interactions causales au sein du complexe serait contenue dans le tableau de l'information effective entre les éléments isolés[3]. Galilée s'interroge alors sur les résultats éventuels d'un tableau de l'information effective entre les milliers de groupes neuronaux constituant le complexe principal d'un cerveau humain. Supposons que, grâce à un modèle très détaillé sur ordinateur, nous puissions étudier systématiquement les effets de la perturbation de chaque élément isolé sur tous les autres éléments du complexe. Nous pouvons imaginer par exemple qu'en perturbant l'élément 1 celui-ci induise un bit d'entropie sur les éléments 3 et 4, et zéro bit sur les autres. L'élément 2 pourrait à son tour induire un bit d'entropie sur les éléments 4, 6 et 1 796 tandis que l'élément 3 induirait un bit d'entropie sur les éléments 1, 5, 6, 2 398... et ainsi de suite jusqu'à complétion du tableau.

Ce dernier contient donc toute l'information effective entre les éléments du complexe. C'est une description complète du point de vue de l'information. Toutefois, cette description n'explicite pas l'organisation des interactions causales. On y trouve toute l'information mais sans connaître de manière explicite l'espace informationnel au sein duquel les interactions causales peuvent se produire.

En d'autres termes, le tableau apparaît comme un fatras de nombres difficiles à interpréter. Où apparaît dans le tableau que le rouge et le bleu sont des couleurs différentes l'une de l'autre tout en ayant plus de ressemblances entre elles qu'avec le son d'une trompette ? Où voit-on que les groupes neuronaux du cortex sensoriel contribuent davantage à l'expérience consciente que les groupes des aires motrices et prémotrices ? Et que l'espace visuel est organisé de manière topographique contrairement à l'espace olfactif ? Nous disposons seulement de nombres permettant de savoir quelle quantité d'information effective peut être échangée entre les différents éléments.

Galilée reste pensif ; pour lui offrir un autre indice, nous lui montrons un autre tableau, celui des distances entre les principales villes italiennes. Rome se situe à 576 km de Milan, à 273 km de Florence, à 494 km de Padoue… ; Milan se situe à son tour à 303 km de Florence, à 238 km de Padoue et ainsi de suite. Des centaines de nombres dont le sens est d'ailleurs très clair pour Galilée qui se souvient parfaitement de la géographie et des distances en Italie.

Nous lui proposons ensuite un tableau analogue concernant les villes de la Nouvelle-Zélande : Rotorua se situe à 82 km de Taupo, à 313 km de Wanganui, Wanganui se situe à 895 km de Cape Reinga et ainsi de suite. « Jamais entendu parler », murmure-t-il. Ces nombres ne lui disent absolument rien. Comment pourraient-ils d'ailleurs lui évoquer quelque chose ? Il n'a en effet pas la moindre idée de la géographie de la Nouvelle-Zélande et encore moins de la façon dont sont organisées les villes entre elles. Comment peut-il savoir, en connaissant uniquement les distances, la façon dont est réellement organisé le pays ?

Mais non ! réfléchit Galilée. Nous disposons en fait de toute l'information mais elle n'est tout simplement pas organisée de façon explicite. Dans ce cas, il ne devrait pas être trop difficile de la rendre explicite. On pourrait par exemple commencer par reporter deux villes sur une feuille de papier millimétré, la première à gauche et la seconde à droite, reliées par un segment horizontal d'une longueur correspondant à leur distance d'après une certaine échelle. Nous pourrions ensuite ajouter une troisième ville en la reportant par exemple plus haut sur la feuille et la relier aux deux autres par des segments de longueur appropriée. Nous tenterions alors, à force d'essais et d'erreurs, de dessiner sur la carte une organisation des villes, de sorte que les distances reportées d'après l'échelle correspondent à celles du tableau. Galilée prend un peu de temps avant de trouver l'organisation exacte, mais il finit par y arriver. La figure obtenue ressemble beaucoup à une carte routière de la Nouvelle-Zélande.

Galilée saisit immédiatement. L'information contenue implicitement dans le tableau des distances est désormais présentée de façon explicite sur la carte bidimensionnelle. L'organisation de l'espace (dans ce cas, la géographie de la Nouvelle-Zélande) est tout à coup évidente[4]. Le message est clair. Si nous pouvions faire la même chose avec l'immense tableau de l'information effective entre les éléments d'un complexe conscient, nous pourrions peut-être obtenir une représentation explicite de l'organisation de l'espace de la conscience – l'*espace des qualia*. Qui sait s'il n'en découlerait pas aussi une interprétation géométrique, notamment de la raison pour laquelle les groupes neuronaux signalant le rouge et le bleu donnent lieu à des expériences conscientes dissociables l'une de l'autre mais sans aucun doute plus proches entre elles que de l'expérience du son d'une trompette. Une interprétation de la raison pour laquelle l'activité des groupes neuronaux du cortex sensoriel contribue davantage à l'expérience consciente que celle des groupes des aires motrices et prémotrices. Une interprétation de la raison pour laquelle l'espace visuel est organisé de manière topographique contrairement à l'espace olfactif [5].

Si nous pouvons donc mieux comprendre l'organisation de la Nouvelle-Zélande après avoir reconstruit le type d'espace approprié pour représenter les distances entre les villes, nous pourrons peut-être mieux comprendre aussi l'organisation d'un complexe conscient après avoir reconstruit un espace approprié pour représenter les interactions causales entre les éléments de ce complexe. Car, d'après la théorie, la qualité de l'expérience fournie par l'activité de chaque élément du complexe conscient est totalement déterminée par l'ensemble des relations causales au sein de ce complexe.

Mais nous n'avions promis à Galilée qu'un seul indice, nous devons donc nous arrêter là. Il ne faut pas faire de gros efforts d'imagination pour pressentir que c'est dans la géométrie de l'information effective, des interactions causales déterminant une différence, que se cache le secret quantitatif de la qualité, le *quantum* des *qualia*. Après tout, « cet immense livre qui se tient toujours ouvert devant nos yeux (je veux dire l'univers), [...] est écrit dans la langue mathématique et ses caractères sont des triangles, des cercles et d'autres figures géométriques ». Le principe tyrannique de raison suffisante pourra peut-être lui aussi s'en trouver satisfait, tout du moins jusqu'au prochain pourquoi.

NOTES

Chapitre 1

1. La distinction entre conscience primaire et conscience d'ordre supérieur est introduite très clairement par Gerald M. Edelman dans *The Remembered Present*, Basic Books, New York, 1989.

2. Il est vrai que Hume a cherché le moi partout sans jamais réussir à le trouver – il soutenait qu'il n'existait aucun moi séparé de l'expérience consciente de quelque chose d'autre –, mais il est vrai aussi que, pour les psychologues contemporains, le moi constitue un fond presque constant, un contexte que l'on ne peut pas éliminer de la conscience active. *Cf.*, par exemple, B. J.Baars, *A Cognitive Theory of Consciousness*, New York, Cambridge University Press, 1988; et *Inside the Theater of Consciousness : The Workspace of the Mind*, New York, Oxford University Press, 1997.

3. [Traduit de] Gabriele D'Annunzio, *Alcione*, Nouvelle XXIII, Meriggio, dans *Versi d'amore e di gloria*, Mondadori, Milan 1984, vol. II.

4. Pouvons-nous obtenir une conscience totalement passive, non réfléchie et dénuée de référence à soi ? Une situation dans laquelle la conscience se réduit à un flux d'expérience sans effort, sans but, sans imagination, sans réflexion, sans pensée, sans participation ni préoccupation pour le moi ? Peut-être comme lorsque nous contemplons l'écoulement

hypnotique et pacifique d'un fleuve et que nous sommes parfaitement détendus, sans exercer le moindre effort de volonté, oublieux du passé et indifférents au futur, insouciants de ce qui nous passe par la tête, insensibles à l'existence du moi ? Ou peut-être lorsqu'on fait le vide en méditant sur des mantras ? Peut-être, car tout fait penser qu'un état de pure conscience passive, non réfléchie et dénuée d'autoconscience ne peut s'obtenir qu'en inactivant plusieurs zones du cerveau dont nous avons probablement besoin. En général, la conscience passive est liée aux aires postérieures du cortex cérébral. Les parties antérieures, essentiellement les lobes frontaux, sont fondamentales pour un certain nombre de nos capacités : maintenir certaines formes d'attention, évoquer des souvenirs ou les garder présents à l'esprit, organiser nos pensées et résoudre un problème, faire des choix rationnels ou résister à des impulsions inconvenantes. Ces aspects de la conscience sont profondément altérés, et de façon spécifique, par les lésions de certaines parties du cortex antérieur, exactement comme notre capacité à percevoir les couleurs, les formes et le mouvement des yeux sont compromis par des lésions du cortex postérieur. Tout comme nous ne pouvons pas nous efforcer à devenir aveugles et sourds ne serait-ce qu'un instant, il est difficile d'imaginer, avec un cerveau fonctionnant normalement, comment toutes les zones du cortex antérieur peuvent être inactivées en même temps. Nous pourrons peut-être obtenir, grâce à des techniques comme la stimulation magnétique transcrânienne, une inactivation temporaire mais simultanée de nombreuses aires du cortex antérieur et entraîner par conséquent un état de conscience purement passif, non réfléchi et sans aucune présence du moi.

5. [Traduit de] Alessandro Manzoni, *I promessi sposi* (*Les Fiancés*), Mondadori, Milan, 1985.

6. On peut le démontrer facilement. En étudiant les transcriptions verbales des rêves, nous pouvons confirmer que les expériences faites en état de veille reflètent celles faites lors des rêves et *vice versa*. Un enfant rêve en enfant, exactement comme il peut imaginer et penser le monde en tant qu'enfant. Vers l'âge de 3-4 ans, les rêves sont extrêmement rares, sinon particulièrement brefs. La faible fréquence et la pauvreté relative des rêves des enfants sont dues à la capacité limitée de ces derniers à penser par images ou à entretenir un monologue intérieur. À cet âge, la capacité à parler de soi comme une personne ou comme un agent causal, ou la capacité à caractériser les autres comme des agents ayant des points de vue et des motivations différents des siens, sont extrêmement limitées. Ainsi, le peu de rêves que font les enfants de cet âge n'incluent quasiment jamais une représentation de soi en tant que figure active, assez rarement la représentation d'autres personnes et encore moins celle de relations

sociales ; ils proposent plutôt des représentations statiques d'animaux. Autour de 3-4 ans un enfant n'est pas capable de raconter une histoire en entier. De la même façon, les rêves à cet âge-là sont extrêmement brefs et n'ont aucune structure narrative. Enfin, comme la capacité des jeunes enfants à éprouver des émotions est très limitée, les rêves de cette période sont significativement dénués de contenu émotif. La corrélation entre ce que nous savons imaginer ou penser quand nous sommes éveillés et ce dont nous pouvons rêver est mise en évidence non seulement par le développement de l'enfant mais aussi par des lésions cérébrales chez l'adulte. Les patients qui, suite à un infarctus cérébral, ne sont plus capables de voir et d'imaginer les couleurs, ne sont plus capables non plus de les percevoir lors de leurs rêves. *Cf.* D. Foulkes, *Children's Dreams : Longitudinal Studies*, New York, Wiley, 1982, et *Dreaming : A Cognitive-psychological Analysis*, Hillsdale (NJ), Lawrence Erlbaum Associates, 1985 ; M. Solms, *The Neuropsychology of Dreams : A Clinico-anatomical Study*, Mahwah (NJ), Lawrence Erlbaum Associates, 1997 ; et le numéro spécial de *Behavioral and Brain Sciences* consacré au rêve, 23(6), 2000.

7. Si l'on connaît bien une langue étrangère, il arrive parfois que nos rêves se déroulent à l'étranger dans l'idiome local. Avant d'apprendre cette langue, nous ne la comprenons pas ni quand nous sommes éveillés, ni dans nos rêves. Personne n'a jamais visité dans ses rêves le monde étrange des chauves-souris en tant que chauve-souris, excepté peut-être les chauves-souris elles-mêmes.

8. Lors d'un rêve, le cerveau est partiellement déconnecté de ce qui se passe autour de lui. Non seulement nous avons tendance à choisir un lieu tranquille pour fermer nos yeux puis dormir, mais en outre, pour des raisons en partie mystérieuses, les signaux nerveux véhiculés par les voies sensorielles ne réussissent pas facilement à influencer l'activité du cortex cérébral comme ils le font durant la veille. La transmission de l'information allant du monde extérieur au cortex est quasiment interrompue. Malgré cela, le cortex cérébral continue à être actif et peut parfaitement produire des expériences conscientes.

9. M. Muhlethaler *et al.*, « The Isolated and Perfused Brain of the Guinea-Pig in Vitro », *European Journal of Neuroscience*, 1, 1993, p. 915-926.

10. Ainsi, d'après la première leçon du rêve, le cerveau produit des expériences conscientes qu'il soit éveillé ou endormi, que nous soyons ou non en contact avec le monde extérieur. La conscience est une propriété du cerveau, de son organisation. Le monde extérieur a naturellement un rôle. Pour devenir ce qu'il est, le cerveau a dû avoir une longue histoire évolutive, des interactions continuelles avec le monde extérieur, d'innombrables changements adaptatifs. Le cerveau a dû devenir

adulte en se modifiant continuellement grâce à son expérience du monde, du langage et grâce à son expérience des autres êtres qui nous ressemblent. Mais, une fois qu'il est devenu ce qu'il est, le cerveau contient tout ce qui est nécessaire et suffisant pour être conscient, de jour comme de nuit. Ce n'est pas la présence ou l'absence d'entrées venant du monde extérieur qui déterminent si nous sommes conscients ou non – c'est le fonctionnement du cerveau. Si le cerveau s'éteint, la conscience disparaît même si les yeux et les oreilles continuent à fonctionner. Si les yeux et les oreilles se ferment et refusent de servir d'intermédiaires avec le monde, le cerveau, conscient, continue à rêver.

11. Le neurologue Frank Lynn Meshberger a écrit un article entier pour démontrer la ressemblance entre les contours de la fresque et l'anatomie macroscopique du cerveau humain. *Cf.* F. L. Meshberger, « An Interpretation of Michelangelo's Creation of Adam Based on Neuroanatomy », *Journal of the American Medical Association*, 264, 1990, p. 1837-1841.

12. G. Vasari, *Les vies des meilleurs peintres, sculpteurs et architectes*, traduction sous la direction d'André Chastel, Arts Berger-Levrault, 1989.

13. Colombo est en général ignoré par le monde anglo-saxon qui attribue la découverte de la circulation du sang à Harvey. Mais Harvey lui-même reconnaît Colombo comme un précurseur.

14. Un poème d'Emily Dickinson est un autre exemple d'intuition artistique : « Le Cerveau – est plus vaste que le Ciel / Mettez-les côte à côte / l'un contiendra l'autre / aisément – et toi – de surcroît // Le Cerveau est plus profond que la mer / Tenez-les – bleu à côté du bleu / L'un absorbera l'autre /comme une éponge absorbe un seau // Le cerveau pèse juste comme Dieu / Soupesez-les – livre pour livre / Ils différeront – s'ils le font / comme la syllabe du son. » (poème 632, trad. H. D).

Chapitre 2

1. *Cf.* par exemple Francis Crick et Christof Koch, « Consciousness and Neuroscience », *Cerebral Cortex*, 8, 1998, p. 97-107.

2. Le « cerveau » est pris, ici et par la suite, au sens strict comme la partie du système nerveux central constituée par le proencéphale et le diencéphale.

3. Si nous examinons plus attentivement ces patients, nous pouvons percevoir certaines altérations dans d'autres domaines que celui de la coordination du mouvement, comme une détérioration dans l'estimation de la durée des intervalles temporels, de légers troubles dans certaines formes d'apprentissage et même des modifications dans les réponses émotives. Ces altérations ont peut-être des conséquences indirectes sur l'expérience consciente mais, si ces répercussions sont réelles, elles sont cependant difficiles à

identifier. Nous savons pourtant que le déplacement de la moitié de la population du système nerveux central a des effets rares ou nuls sur la conscience.

4. Un autre paradoxe est celui des différences entre les zones corticales motrices ou exécutives au sens large (antérieures) et les zones sensorielles (postérieures). Bien qu'il s'agisse de zones corticales dans les deux cas, la contribution à l'expérience consciente est d'une grandeur disproportionnée dans le cas des zones sensorielles. Nous ne pouvons pas affirmer une telle contribution de la part du cortex moteur.

5. C. S. S. Sherrington, *The Integrative Action of the Nervous System*, New Haven, Yale University Press, 1947.

6. Si l'on réveille un sujet endormi et qu'on lui demande de raconter immédiatement tout ce qui vient de lui passer par la tête, on obtient en général (mais pas systématiquement) un certain compte rendu indépendant du stade de sommeil. Ces comptes rendus sont en général plus longs (jusqu'à sept fois plus longs en moyenne) s'ils sont obtenus d'un sujet que l'on a sorti du stade REM du sommeil ou qui était en train de s'endormir, que s'ils sont obtenus d'un sujet à d'autres stades du sommeil. Les comptes rendus REM sont plus étranges, de caractère plus hallucinatoire et délirant ; ils ont un contenu émotif important et sont dotés d'une structure narrative. Nous ne savons pas clairement si ces caractéristiques sont liées simplement à la plus grande durée des comptes rendus REM ou à des différences qualitatives importantes. Certains comptes rendus obtenus à partir d'autres stades de sommeil peuvent pourtant être assez semblables aux « rêves » de type REM (*Cf.* le numéro spécial consacré au rêve de *Behavioral and Brain Sciences*, 23(6), 2000).

Première leçon

1. L. Arioste, *Rolando furioso*, chant 12, trad. H. D.

Chapitre 3

1. La réflectance est une caractéristique intrinsèque de la superficie d'un objet qui définit sa capacité à réfléchir la lumière incidente indépendamment des conditions particulières d'éclairage. Le système visuel contient des circuits capables de calculer une approximation correcte de la réflectance des objets. La couleur en représente l'équivalent conscient.

2. Galileo Galilei, *Dialogo sopra i due massimi sistemi tolemaico e copernicano*, Florence, Ladini, 1632, 2ᵉ journée (trad., H. D.).

3. Ayant étudié la médecine à Pise, il sait bien de quoi il retourne.

Chapitre 4

1. Encore une fois Emily Dickinson en avait eu l'intuition poétique : « Il y a une certaine obliquité de lumière / les après-midi d'hiver / qui oppressent comme le poids / des notes d'une cathédrale// Céleste la douleur que réside là ; / elle ne laisse aucune marque, Sinon la différence intérieure / d'où naît le sens » (trad. de H. D. sur la trad. ital. de l'auteur).

Chapitre 5

1. Trad. H. D. sur la trad. ital. de l'auteur.

2. Il sait pourtant mieux dessiner que son jumeau, mieux identifier les expressions du visage et mieux cataloguer les objets de formes différentes.

3. Les deux jumeaux habitent encore sous le même toit, ils partagent encore certaines parties indivises du cerveau et certainement de nombreux souvenirs. En outre, les deux hémisphères reçoivent souvent les mêmes signaux du monde extérieur. Les signaux acoustiques arrivent en double exemplaire aux deux hémisphères comme par exemple ceux provoquant la douleur ou indiquant la température, la pression ou la position des membres. Les signaux tactiles provenant du visage arrivent eux aussi aux deux hémisphères en double exemplaire. De même pour les signaux atteignant un seul hémisphère, comme les signaux tactiles qui proviennent de la main droite et rejoignent l'hémisphère gauche (et *vice versa*), les signaux visuels de la moitié droite du champ visuel rejoignant l'hémisphère gauche (et *vice versa*), ou les signaux olfactifs provenant de chaque narine ; il suffit de toucher les objets avec nos deux mains, de bouger les yeux à droite et à gauche, de sentir avec nos deux narines pour qu'une fois de plus les deux hémisphères reçoivent des signaux très semblables. Voilà pourquoi le comportement de ces patients semble en général normal.

4. R. W. Sperry, « Consciousness, Personal Identity and the Divided Brain », *Neuropsychologia*, 22(6), 1984, p. 661-673, et « Forebrain Commissurotomy and Conscious Awareness », *The Journal of Medicine and Philosophy*, 2, 1977, p.101-126.

5. On remarque qu'il est impossible pour un sujet normal de séparer en deux l'expérience consciente. Il est impossible par exemple d'avoir une expérience consciente de la partie droite du champ visuel indépendamment de la partie gauche ou d'avoir une expérience consciente visuelle indépendamment d'une expérience consciente acoustique. En d'autres termes, la conscience est intrinsèquement intégrée et le concept de conscience divisée en deux est un concept dénué de sens. Nous pou-

vons avoir au maximum deux sujets conscients séparés, par exemple chez les patients au cerveau divisé, ayant chacun sa propre expérience consciente intégrée.

Chapitre 6

1. Le compte rendu en est simplifié mais le fond reste intact.

2. En étant proportionnelle au logarithme de l'inverse de la probabilité, c'est-à-dire au logarithme de la probabilité considéré avec un signe négatif.

3. Arrondi plus précisément à la dixième décimale : 2,5849625007 bits. Remarquons que, s'il n'y a qu'un seul événement possible, ayant par conséquent une probabilité égale à 1, l'entropie est égale à 0 bit. Remarquons aussi qu'il faut utiliser le logarithme du nombre de possibilités et pas simplement le nombre de possibilités, car si nous lançons deux dés, l'entropie en sera multipliée par deux.

4. La formule de l'entropie donne d'autant plus de poids aux événements qu'ils sont plus probables et d'autant moins qu'ils le sont moins.

5. Pour simplifier, nous omettrons les autres récepteurs, acoustiques, tactiles et ainsi de suite.

6. Une autre manière d'exprimer ce fait est qu'il faut donner la plus grande entropie possible aux sorties de B.

7. Si la photodiode cessait de fonctionner et restait éteinte indépendamment de la valeur de la résistance, nous observerions une seule et même réponse (éteint) pour les deux entrées possibles (résistances basse et haute). Comme nous l'avons vu précédemment, cela correspondrait à une entropie de 0 bit.

8. Nous avons supposé qu'un état cérébral différent correspondait à chacune de ces expériences conscientes différentes.

9. Ce deuxième terme nous rappelle qu'en général nous ne pouvons pas simplement examiner la distribution de probabilités des états de B obtenue en perturbant de toutes les façons possibles les sorties de A mais que nous devons considérer si ces états sont réellement induits par les perturbations de A. Si, par exemple, la photodiode devenait soudainement folle à cause d'une défaillance du circuit et de l'amplification du bruit de fond, et se mettait à signaler la moitié du temps « lumière » et l'autre moitié « obscurité », tout à fait indépendamment des conditions d'éclairage de la pièce, l'entropie de la photodiode resterait égale à 1 bit mais n'aurait aucun rapport avec les entrées reçues. C'est pourquoi nous devons considérer quels sont les états de B qui sont effectivement induits ou causés par les entrées, et ceux qui sont dus à

des fluctuations au sein même de B. Cela peut être évalué en fixant la sortie de A ($A^{\text{fixé}}$) et en observant la distribution des états de B. Évidemment, si l'état de B change alors que l'entrée venant de A reste la même, la distribution résultante des états de B sera donc indépendante de A. Nous devons une fois de plus calculer la moyenne de l'entropie de B indépendamment de A pour toutes les sorties possibles de A et pour toutes les conditions initiales de B (ou mieux, pour toutes les conditions initiales du reste du système dans le cas où celui-ci comprendrait des éléments autres que A et B ; nous avons choisi par simplicité d'omettre cela dans l'équation 3). En pratique, il existe de nombreux cas où il n'est pas nécessaire de tenir compte des conditions initiales de B. Nous savons en outre que l'entropie de B est parfois égale à zéro, à moins que celui-ci ne soit perturbé. Si ces conditions sont vérifiées, l'équation 2 est suffisante. Enfin, si le système considéré est continu et si A est perturbé de telle façon que chacun de ses éléments se comporte comme une source indépendante de bruit de fond, l'information effective correspondra à l'information mutuelle entre A et B.

10. L'expression est empruntée à Gregory Bateson, *Vers une écologie de l'esprit*, Paris, Seuil, 1990-1991.

Chapitre 8

1. Pour perturber les sorties de A de toutes les façons possibles, c'est-à-dire pour que chaque élément de A se comporte comme une source indépendante de bruit, nous pouvons éventuellement injecter du bruit dans ces éléments tout en leur permettant d'interagir. Nous obtiendrons de cette façon une distribution de probabilités des sorties de A reflétant la structure de celui-ci. Dans certaines conditions, nous pouvons aussi envisager d'injecter du bruit dans tous les éléments de l'ensemble et examiner simplement l'augmentation de l'information mutuelle entre A et B. La valeur d'information résultante peut alors être utilisée exactement comme l'information effective dans le calcul des quantités obtenues dans le reste du chapitre. Même si dans de nombreux cas les deux valeurs semblent identiques, elles n'ont pas la même signification.

2. Nous avons une division en moitiés si, comme nous l'avons supposé, les éléments isolés disposent de la même entropie. Si les éléments sont hétérogènes, il s'agit de diviser l'ensemble en deux moitiés ayant approximativement la même entropie, à savoir la plus grande possible.

3. Plus précisément, si S contient n éléments, A correspond à toutes les $\binom{n}{\lfloor n/2 \rfloor}$ combinaisons de $\lfloor n/2 \rfloor$ éléments de notre ensemble S, où

A $\subseteq$ S. Le symbole $\subseteq$ signifie « appartient à », tandis que $\lfloor n/2 \rfloor$ indique que l'on arrondit le quotient vers le bas dans le cas d'un nombre d'éléments impair.

4. Nous pouvons obtenir le même résultat en procédant de façon légèrement différente.

5. Voici la formule qui vaut pour le complexe principal : $S \subseteq X \mid {}^{MI}C(S) = \max\{{}^{MI}C(S)\}$ pour chaque S, où S est choisi parmi toutes les combinaisons possibles de $\binom{n}{k}$ éléments du système, pour $2 \geq k \leq n$.

6. Techniquement, un sous-ensemble propre.

7. Supposons qu'il n'existe aucun complexe plus grand de complexité plus élevée ou bien que nous ayons à faire à un complexe propre.

8. Étant donné que la complexité correspond à la valeur minimale d'information effective pour toutes les mipartitions, il suffit d'une seule mipartition avec une information effective égale à zéro pour que la complexité soit elle aussi égale à zéro et que l'on ne puisse plus parler de complexe.

Chapitre 9

1. *Cf.* T. H. Huxley, « Biogenesis and Abiogenesis » (1870), Allocution présidentielle à l'Association britannique pour l'avancement des sciences, reproduite dans ses *Collected Essays*, t. 8, New York, D. Appleton & Co., 1894.

2. Comme dans le cervelet, certains modules s'occupent des signaux visuels, d'autres des signaux acoustiques, d'autres encore des signaux somato-sensoriels et ainsi de suite. La spécialisation fonctionnelle est en effet extrêmement précise : au sein du cortex visuel, certaines zones s'occupent des couleurs, d'autres des formes, d'autres encore du mouvement. Au sein de chacune d'elles, des modules s'occupent de différents aspects des signaux, par exemple de couleurs différentes.

3. Il existe des différences importantes dans l'organisation locale des modules du cortex cerébral et du cortex cérébelleux.

4. Non pas que chaque module soit relié à tous les autres – il n'y aurait pas assez de fibres dans le cerveau et ça ne serait pas souhaitable. Il ne serait pas souhaitable par exemple que les modules chargés de répondre à la présence d'un contour vertical à l'extrémité droite du champ visuel soient directement en communication avec ceux chargés de répondre à des sons d'une certaine fréquence. Par contre, de nombreuses connexions semblent être assez spécifiques. Des modules du cortex visuel répondant par exemple à des contours verticaux sont reliés davantage entre eux qu'avec des modules répondant à des contours horizontaux. Ou encore, des modules répondant à des portions adjacentes du champ visuel sont reliés davantage entre eux qu'avec des modules répondant à des portions plus distantes. Des

règles de ce type semblent régir les connexions entre les modules de chaque zone mais aussi entre les différentes zones du cortex cérébral.

5. G. Tononi, observations non publiées. Le modèle du système thalamo-cortical est décrit en détails dans E. D. Lumer, G. M. Edelman, G. Tononi, « Neural Dynamics in a Model of the Thalamocortical System. 1. Layers, Loops and the Emergence of Fast Synchronous Rhythms », *Cerebral Cortex*, 7, 1997, p. 207-227; S. Hill *et al.*, *The Dynamics of Sleep and Waking in a Large-scale Computer Model of the Thalamocortical System*, rapport présenté au XVe congrès annuel de l'APSS, Chicago, 2001.

6. Il serait intéressant de savoir quelle expérience consciente correspond au silence de tous les groupes neuronaux dont est constitué le complexe conscient.

7. L'expérience consciente que le sujet aura à un moment donné sera évidemment déterminée par les neurones qui parleront ou resteront silencieux au sein du complexe.

8. *Cf.*, par exemple, F. Crick, C. Koch, « Consciousness and Neuroscience », *Cerebral Cortex*, 8, 1998, p. 97-107 (et les références précédentes des mêmes auteurs).

Chapitre 10

1. Pourvu qu'on puisse présumer avoir affaire à un complexe ou bien à un système intégré.

2. Par exemple, E. M. Macphail, *The Evolution of Consciousness*, Oxford et New York, Oxford University Press, 1998.

3. La question « Quel effet cela fait exactement ? » nous renvoie au second problème de la conscience.

Chapitre 11

1. J. D. Bauby, *Le scaphandre et le papillon*, Paris, Robert Laffont, 1997.

2. *Cf.*, par exemple, F. Plum *et al.*, « Coordinated Expression in Chronically Unconscious Persons », *Philosophical Transactions of the Royal Society of London*, Ser. B, Biological Sciences, 353, 1998, p. 1929-33.

Chapitre 12

1. T. Campanella, *Del senno delle cose e della magia* (*Du sens des choses et de la magie*), livre IV.

2. L'exemple des Chinois est tiré de N. Block, « Troubles with Functionalism », dans D. Rosenthal, *The Nature of Mental States*, New York, Oxford University Press, 1991, p. 211-228.

3. T. Campanella, *Del senno delle cose e della magia*, livre IV.

4. G. Tononi, O. Sporns, G. M. Edelman, « A Measure for Brain Complexity : Relating Functional Segregation and Integration in the Nervous System », *Proceedings of the National Academy of Sciences of the United States of America*, 91, 1994, p. 5033-5037, et « Theoretical Neuroanatomy : Relating Anatomical and Functional Connectivity in Graphs and Cortical Connection Matrices », *Cerebral Cortex*, 10, 2000, p. 127-141.

Chapitre 13

1. Il est probable qu'au-delà de cette constante de temps tous les effets différenciés susceptibles de se produire se soient déjà produits et que l'on ne gagne rien en termes de complexité à attendre plus longtemps.

2. G. Bruno, *De la causa, principio et uno* (*De la cause, du principe et de l'un*), 1584.

3. Nous ne prenons pas en considération ici les définitions les plus récentes, comme celles mises en œuvre dans la théorie quantique des champs.

4. Il semble que la meilleure façon d'augmenter la complexité d'un système soit de l'exposer à un milieu extérieur et de le laisser s'adapter en modifiant sa structure, en cherchant à intégrer et à transformer les régularités ou les invariances du milieu en régularités ou invariances internes au système. *Cf.* G. Tononi, O. Sporns, G. M. Edelman, « A Measure for Brain Complexity : Relating Functional Segregation and Integration in the Nervous System », *Proceedings of the National Academy of Sciences of the United States of America*, 91, 1994, p. 5033-5037, et « A Complexity Measure for Selective Matching of Signals by the Brain », *ibid.*, t. 93, 1996, p. 3422-3427, et « Theoretical Neuroanatomy : Relating Anatomical and Functional Connectivity in Graphs and Cortical Connection Matrices », *Cerebral Cortex*, 10, 2000, p. 127-141.

Épilogue

1. Le récit commence ainsi : « Devant la loi se dresse le gardien de la porte. Un homme de la campagne se présente et demande à entrer dans la loi. Mais le gardien dit que pour l'instant il ne peut pas lui accorder l'entrée. L'homme réfléchit, puis demande s'il lui sera permis d'entrer plus tard. « C'est possible, dit le gardien, mais pas maintenant. » Le gardien s'efface devant la porte, ouverte comme toujours, et l'homme

se baisse pour regarder à l'intérieur. Le gardien s'en aperçoit et rit. « Si cela t'attire tellement, dit-il, essaie donc d'entrer malgré ma défense. Mais retiens ceci : je suis puissant. Et je ne suis que le plus infime des gardiens. Devant chaque salle il y a des gardiens de plus en plus puissants. Déjà je ne réussis pas à supporter la vue du troisième, pas même moi. »

2. Cette qualité qui rend bleu le bleu, rouge le rouge et douloureuse la douleur.

3. Cela signifie que les effets produits par la perturbation de deux éléments (ou plus) sont simplement la somme des effets produits par la perturbation des éléments isolés : techniquement, le système est linéaire.

4. Il existe de nouvelles techniques mathématiques et statistiques pour traiter ce type même de problèmes. Ces techniques permettent de tirer la meilleure représentation possible pour expliciter la structure de la matrice des relations entre un grand nombre d'éléments, qu'il s'agisse de distances entre les villes de la Nouvelle-Zélande ou d'information effective entre groupes neuronaux. Pour obtenir une reconstruction rigoureuse de la carte de la Nouvelle-Zélande à partir du tableau des distances, nous pouvons par exemple employer la technique appelée *multidimensional scaling*.

5. Par exemple, les choses pourraient se passer plus ou moins comme ceci : l'information effective entre les neurones correspondant au rouge et ceux correspondant au bleu pourrait être nulle étant donné que la perception du rouge est indépendante de celle du bleu. L'information effective entre les neurones du rouge et du bleu d'un côté et le reste du complexe de l'autre pourrait être relativement élevée, tandis que celle entre les neurones du rouge et du son de la trompette d'un côté et le reste du complexe de l'autre pourrait par contre être nulle ; cela indiquerait que le rouge et le bleu font partie d'un même sous-espace informationnel contrairement au rouge et au son de la trompette. De la même façon, l'information effective moyenne entre les neurones sensoriels et le reste du complexe serait peut-être plus élevée que celle entre les neurones des aires prémotrices et le reste du complexe. Cela pourrait correspondre au fait que les aires sensorielles contribuent davantage à la conscience que les aires prémotrices. Ou enfin, dans un cas particulièrement simple de quasi-isomorphisme, les groupes neuronaux de nombreuses aires du cortex visuel pourraient avoir une information effective avec leurs voisins et celle-ci, d'après l'organisation de leurs connexions anatomiques, devrait décroître en fonction de la distance. L'organisation topographique bidimensionnelle de l'information effective pourrait correspondre à l'organisation topographique de la perception visuelle.

REMERCIEMENTS

Je tiens à exprimer toute ma gratitude à Chiara Cirelli, Lice Ghilardi, Sean Hill et Olaf Sporns pour les nombreuses discussions que nous avons eues et leur aide si précieuse dans l'élaboration des idées présentées ici.

Je tiens également à remercier mes collègues et mes amis Gabriele Biella, Paola D'Ascanio, Fabio Ferrarelli et Marcello Massimini pour leurs conseils tout au long de la rédaction.

Je suis naturellement seul responsable des erreurs et des omissions.

Cet ouvrage n'aurait pu voir le jour sans l'initiative et l'enthousiasme contagieux de Pietro Bria.

Pino Donghi et la Fondation Sigma-Tau, infatigables initiateurs de débats scientifiques en Italie depuis de nombreuses années, se sont chargés de l'organisation des leçons qui restent des moments inoubliables, grâce également à Pietro Bria et Gilberto Corbellini. Comme toujours, Pietro et Gilberto ont su allier la chaleur de l'amitié à la rigueur de la discussion scientifique.

Je remercie enfin l'éditeur qui, par ses encouragements et son soutien, a permis la publication de cet ouvrage.

TABLE DES MATIÈRES

PREMIÈRE LEÇON
L'UN ET LE GRAND NOMBRE

Imprimé par Lightning Source France
1 avenue Gutenberg
78310 Maurepas

N° d'édition : 7381-1844-Y